解·析
辉煌的人生

<上>

刘颖 ◎ 编著

中国出版集团

图书在版编目（CIP）数据

解析辉煌的人生（上）／刘颖编著. —北京：现代
出版社，2014.1
ISBN 978-7-5143-2133-3

Ⅰ．①解… Ⅱ．①刘… Ⅲ．①成功心理－青年读物
②成功心理－少年读物 Ⅳ．①B848.4－49

中国版本图书馆 CIP 数据核字（2014）第 008563 号

作　　者	刘　颖
责任编辑	王敬一
出版发行	现代出版社
通讯地址	北京市安定门外安华里 504 号
邮政编码	100011
电　　话	010－64267325 64245264（传真）
网　　址	www.1980xd.com
电子邮箱	xiandai@cnpitc.com.cn
印　　刷	唐山富达印务有限公司
开　　本	710mm×1000mm　1/16
印　　张	16
版　　次	2014 年 4 月第 1 版　2023 年 5 月第 3 次印刷
书　　号	ISBN 978-7-5143-2133-3
定　　价	76.00 元（上下册）

目 录

第一章 至圣先师——孔子

第二章 汉武帝——刘彻

第六章　南非首位黑人总统——曼德拉

第一章　至圣先师——孔子

（一）孔子生平

提到孔子，作为学生的我们，首先联想到的就是我们学过的《论语十则》。那或许是我们第一次接触关于孔子的东西，也是第一次开始接触并认识"孔圣人"。

孔子，春秋末期著名的思想家、政治家、教育家、儒家的创始者。他的祖先是宋国贵族，大约在孔子前几世就没落了。公元前551年9月28日（夏历八月二十七日）生于鲁国陬邑昌平乡（今山东省曲阜市东南的鲁源村）；公元前479年4月11日（农历二月十一日）逝世，葬于曲阜城北泗水之上，即今日孔林所在地。因父母曾为生子而祷于尼丘山，故名丘。

孔子年轻时做过几任小官，但他一生大部分时间从事教育活动，教出不少有知识有才能的学生。孔子曾修《诗》、《书》，定《礼》、《乐》，序《周易》，作《春秋》。孔子的思想及学说对后世产生了极其深远的影响。孔子是中国文化中的核心学说儒家的首位宗师，集华夏上古文化之大成，在世时已被誉为"天纵之圣"、"天之木铎"，是当时社会上最博学者之一，并且被后世统治者尊为至圣、至圣先师、万世师表。

子曰："吾十有五而志于学，三十而立，四十而不惑，五十而知天命，六十而耳顺，七十而从心所欲，不逾矩。"这是孔子对自己一生各阶段的总结。下面我就和大家一起，走进孔子的一生。

孔子3岁丧父，随母亲颜征在移居阙里，并受其教。孔子幼年，"为儿嬉戏，常陈俎豆，设礼容"。少时家境贫寒，15岁立志于学。及长，做过司会计的"委吏"和管理畜牧的"乘田"。他虚心好学，学无常师，相传曾问礼于老聃，学乐于苌弘，学琴于师襄。30岁时，已博学多才，成为当地较有名气的一位学者，并在阙里收徒授业，开创私人办学之先河。其思想核心是"仁"，"仁"即"爱人"。他把"仁"作为行仁的规范和目的，使"仁"和"礼"相互为用。主张统治者对人民"道之以德，齐之以礼"，从而再现"礼乐征伐自天子出"的西周盛世，进而实现他一心向往的"大同"理想。

孔子35岁时，因鲁国内乱而奔齐。为了接近齐景公，做了齐国贵族高昭子的家臣。次年，齐景公向孔子询问政事，孔子说："君要像君，臣要像臣，父要像父，子要像子。"景公极为赞赏，欲起用孔子，因齐相晏婴从中阻挠，于是作罢。不久返鲁，继续钻研学问，培养弟子。51 岁时，任鲁国中都宰（今汶上西地方官）。由于为政有方，"一年，四方皆则之"。52 岁时由中都宰提升为鲁国司空、大司寇。公元前 500 年（鲁定公十年），鲁、齐夹谷之会，孔子提出"有文事者必有武备，有武事者必有文备"。齐景公欲威胁鲁君就范，孔子以礼斥责景公，保全了国格，使齐侯不得不答应定盟和好，并将郓、龟阴三地归还鲁国。孔子 54 岁时，受季桓子委托，摄行相事。他为了提高国君的权威，提出"堕三都"、抑三桓（鲁三家大夫）的主张，结果遭到三家大夫的反对，未能成功。55 岁时，鲁国君臣接受了齐国所赠的文马美女，终日迷恋声色。孔子则大失所望，遂弃官离鲁，带领弟子周游列国，另寻施展才能的机会，此间"干七十余君"，终无所遇。前 484 年（鲁哀公十一年），鲁国季康子听了孔子弟子冉有的劝说，才派人把他从卫国迎接回来。

孔子回到鲁国，虽被尊为"国老"，但仍不得重用。他也不再求仕，乃集中精力继续从事教育及文献整理工作。一生培养弟子三千余人，身通六艺（礼、乐、射、御、书、数）者七十二人。在教学实践中，总结出一整套教育理论，如因材施教、学思并重、举一反三、启发诱导等教学原则和学而不厌、诲人不倦的教学精神，及"知之为知之，不知为不知"和"不耻下问"的学习态度，为后人所称道。他先后删《诗》、《书》，订《礼》、《乐》，修《春秋》，对中国古代文献进行了全面整理。老而喜《易》，曾达到"韦编三绝"的程度。

69 岁时，独子孔鲤去世。71 岁时，得意门生颜回病卒。孔子悲痛至极，哀叹道："天丧予！天丧予！"这一年，有人在鲁国西部捕获了一只叫麟的怪兽，不久死去。他认为象征仁慈祥瑞的麒麟出现又死去，是天下大乱的不祥之兆，便停止了《春秋》一书的编撰。72 岁时，突然得知子仲由在卫死于国难，哀痛不已。次年（前 479 年）夏历二月，孔子寝疾 7 日，赍志而殁。

孔子一生的主要言行，经其弟子和再传弟子整理编成《论语》一书，成为后世儒家学派的经典。

孔子一生中有一大半的时间，从事传道、授业、解惑的教育工作。他创造了卓有成效的教育、教学方法；总结、倡导了一整套正确的学习原则；形成了比较完整的教学内容体系；提出了一系列有深远影响的教育思想；树立了良好的师德典范。孔子的弟子有子贡、子路、曾皙、冉有、公西华、曾参、子夏、子张等等。这些贤士，大家在以后的学习生活中也会经常遇到。

（二）政治生涯

接下来，我们一起来详细解读一下孔子的政治生涯。从他的政治生涯中，我们或许能更加深入地了解他。

孔子有着不顺畅的政治经历，孔子终生热衷于政治，有一腔报国之热血，也有自己的政治见解，但最高统治者对于他始终是采取一种若即若离、敬而远之的态度。他真正参与政治的时间只有四年多。在这四年多的时间里，他干了不少事，职务提升也很快。但终究因为与当权者政见不同而分道扬镳了。此时他已50多岁，迫于形势，他离开了鲁国，开始了被后人称之为周游列国的政治游说，14年中，东奔西走，多次遇到危险，险些丧命。后虽被鲁国迎回，但鲁终不用孔子。

　　孔子自20多岁起，就想走仕途，所以对天下大事非常关注，对治理国家的诸种问题，经常进行思考，也常发表一些见解。到30岁时，已有些名气。鲁昭公20年，齐景公出访鲁国时召见了孔子，与他讨论秦穆公称霸的问题。孔子由此结识了齐景公。鲁昭公25年，鲁国发生内乱，鲁昭公被迫逃往齐国，孔子也离开鲁国，到了齐国，受到齐景公的赏识和厚待，甚至曾准备把尼溪一带的田地封给孔子，但被宰相晏婴阻止。鲁昭公27年，齐国的大夫想加害孔子，孔子听说后向齐景公求救，齐景公说："吾老矣，弗能用也。"孔子只好仓皇逃回鲁国。当时的鲁国，政权实际掌握在大夫的家臣手中，被称为"陪臣执国政"，因此孔子虽有过两次从政机会，却都放弃了，直到鲁定公9年被任命为中都宰，此时孔子已51岁了。孔子治理中都一年，卓有政绩，被升为小司空，不久又升为大司寇，摄相事，鲁国大治。鲁定公12年，孔子为削弱三桓（季孙氏、叔孙氏、孟孙氏三家世卿，因为是鲁桓公的三个孙子故称三桓，当时的鲁国政权实际掌握在他们手中，而三桓的一些家臣又在不同程度上控制着三桓），采取了"堕三都"的措施（即拆毁三桓所建城堡）。后来"堕三都"的行动半途而废，孔子与三桓的矛盾也随之暴露。鲁定公 13 年，齐国送 80 名美女到鲁国，季桓氏接受了女乐，君臣迷恋歌舞，多日不理朝政，孔子非常失望，不久鲁国举行郊祭，祭祀后按惯例送祭肉给大夫们时并没有送给孔子，这表明季氏不想再任用他了，孔子在不得已的情况下离开鲁国，到外国去寻找出路，开始了周游列国的旅程，这一年，孔子 55 岁。

孔子带弟子先到了卫国。卫灵公开始很尊重孔子，按照鲁国的俸禄标准发给孔子俸粟 6 万，但并没给他什么官职，没让他参与政事。孔子在卫国住了约 10 个月，因有人在卫灵公面前进谗言，卫灵公对孔子起了疑心，派人监视孔子的行动，于是孔子带弟子离开卫国，打算去陈国。路过匡城时，因误会被人围困了 5 日，逃离匡城，到了蒲地，又碰上卫国贵族公叔氏发动叛乱，再次被围。逃脱后，孔子又返回了卫国，卫灵公听说孔子师徒从蒲地返回，非常高兴，亲自出城迎接。此后孔子几次离开卫国，又几次回到卫国，这一方面是由于卫灵公对孔子时好时坏，另一方面是孔子离开卫国后，没有去处，只好返回。

鲁哀公 2 年（孔子 59 岁），孔子离开卫国经曹、宋、郑至陈国，在陈国住了三年。吴攻陈，兵荒马乱，孔子便带弟子离开。楚国人听说孔子到了陈、蔡交界处，派人去迎接孔子。陈国、蔡国的大夫们知道孔子对他们的所做所为有意见，怕孔子到了楚国被重用，对他们不利，于是派服劳役的人将孔子师徒围困在半道，前不靠村，后不靠店，所带粮食吃完，绝粮 7 日，最后还是子贡找到楚国人，楚派兵迎孔子，孔子师徒才免于一死。孔子 64 岁时又回到卫国，68 岁时在其弟子冉求的努力下，被迎回鲁国，但仍是被敬而不用。鲁哀公 16 年，孔子 73 岁，患病不愈而卒。

（三）性格品德

孔子是一个教育家、思想家、政治家，但他首先是一个品德高尚的知识分子。他正直、乐观向上、积极进取，一生都在追求真、善、美，一生都在追求理想的社会。他的成功与失败，无不与他的品格相关。他品格中的优点与缺点，几千年来影响着中国人，特别是影响着中国的知识分子。

从孔子的人生经历中，还有以下提到的事例中，我们可以概括出他所拥有的一些良好的性格特点：

发愤忘食，乐以忘忧

孔子 63 岁时，曾这样形容自己："发愤忘食，乐以忘忧，不知老之将至。"当时孔子已带领弟子周游列国 9 个年头，历尽艰辛，不仅未得到诸侯的任用，还险些丧命，但孔子并不灰心，仍然乐观向上，坚持自己的理想，甚至是明知其不可为而为之。

安贫乐道

孔子说："不义而富且贵，于我如浮云"。在孔子心目中，道义是人生的最高价值。在贫富与道义发生矛盾时，他宁可受穷也不会放弃道义。但他的安贫乐道并不能看作是不求富贵，只求维护道，这并不符合历史事实。孔子曾说："富与贵，是人之所欲也；不以其道得之，不处也。贫与贱，是人之所恶也；不以其道得之，不去也。""富而可求也，虽执鞭之士，吾亦为之。如不可求，从吾所好。"

学而不厌，诲人不倦

孔子以好学著称，对于各种知识都表现出浓厚的兴趣，因此他多才多艺，知识渊博，在当时是出了名的，几乎被当成无所不知的圣人。但孔子自己不这样认为，孔子曰："圣则吾不能，我学不厌，而教不倦也。"孔子学无常师，谁有知识，谁那里有他所不知道的东西，他就拜谁为师，因此说"三人行，必有我师焉"。

直道而行

孔子生性正直，又主张直道而行，他曾说："吾之于人也，谁毁谁誉？如有所誉者，其有所试矣。斯民也，三代之所以直道而行也。"《史记》载孔子三十多岁时曾问礼于老子，临别时老子赠言曰："聪明深察而近于死者，好议人者也。博辩广大危其身者，发人之恶者也。为人子者毋以有己，为人臣者毋以有己。"这是老子对孔子善意的提醒，也指出了孔子的一些毛病，就是看问题太深刻，讲话太尖锐，伤害了一些有地位的人，会给自己带来很大的危险。

与人为善，虚心听取别人建议

孔子创立了以仁为核心的道德学说。他自己是一个很善良的人，富有同情心，乐于助人，待人真诚、宽厚。"己所不欲，毋施于人"、"君子成人之美，不成人之恶"、"躬自厚而薄责于人"等第，都是他的做人准则。

有一个关于孔子的故事，不知道大家有没有听过。孔子旅行经过一个村庄，他看到一个老人，一个很老的老人，他从井里面打水来浇地。那是非常辛苦的工作，太阳又那么大。孔子以为这个人可能没有听说过现在有机械装置可以打水——你可以用牛或者马代替人打水，这样比较容易——所以孔子就过去对老人说："你听说过现在有机器吗？用它们从井里打水可以非常容易，而且你做十二个小时的工作，它们可以在半小时之内就完成。可以让马来做这件事情。你何必费这么大的力气呢？你是一个老人啊。"他肯定有九十岁了。

那个人说："用手工作总是好的，因为每当狡猾的机器被使用的时候，就会出现狡猾的头脑。事实上，只有狡猾的头脑才会使用狡猾的机器。你这不是存心败坏我吗！我是一个老人，让我死得跟生出来的时候一样单纯。用手工作是好的。一个人会保持谦卑。"

孔子回到他的门徒那里。门徒问："您跟那个老人谈什么呢？"

孔子说："他看起来似乎是老子的门徒。他狠狠地敲了我一棒，而且他的论点好像是正确的。"

当你用手工作的时候，不会出现头脑的影子，一个人保持谦卑、单纯、自然。当你使用狡猾的机器时，头脑就介入了。那些用头脑工作的人被称为头头：职员的头头，老师的头头——他们被称为头头。不要做头头。即使做一个职员也已经很不好了，何况做职员头头，那就完了。做一个老师已经够糟糕的了，何况做老师的头头，要设法成为"手"。"手"是被批判的，因为它们不狡猾，不够具有竞争性；它们似乎是原始的。试着多用手来工作，你会发现那个影子出现得越来越少了。

说明孔子是个虚心接受别人批评和建议的人。

（四）孔子和他的弟子

1. 孔子与子贡

一天，孔子领着学生们在野外进行御、射训练。中午，师生聚在树荫下休息，先解马放青，然后师生进行野炊。不料马跑到田里去吃庄稼。农人见了，大怒，上去把马牵走了。子贡追上农夫，给他作揖说："对不起，我们的马吃了您的庄稼，怪我们看管不严。请您原谅，将马还给我们，我们还要赶路呢。"农人置之不理。子贡回到树下将索马的经过讲给了孔子。孔子说："你用过分谦恭文雅的言词向农人求情，好比用美妙的歌舞演示给盲人，这怎能有好的效果呢？这是你的错，不能归罪农人。"说着，让养马人去要马。养马人对农人说："我耕于东海，将往西海，我们的马驾车到这里，快要饿死了，只好放它吃点路旁的庄稼。你快点将马还给我们，要不，我们走不了就住到你家，车上六七个人都要你管饭，你不管饭的话，我们饿死在你家也不走，还怕你不偿命不成。"农人听了，吓得直打哆嗦，慌忙将马交还。养马人牵回马，孔子含笑看子贡一眼。子贡羞愧得无地自容：身为言语科的学生，平时认为自己学习好得不得了，今天办这件事还不及一个养马人。先生教诲的"三人行，必有我师"真是至理明言啊。子贡从此变得谦虚谨慎起来。

一次，卫国一位使者向子贡了解孔子弟子的情况，子贡就介绍好学不倦的颜回，勇敢无畏的子路，多才多艺的冉求，节操高尚的曾参等同学，惟独没有谈他自己。后来孔子知道了这件事，高兴地对子贡说："你已经有知人之明了。知人之明，方能自知之明；自知之明的人，才能有大作为啊。"子贡施礼谢了老师的夸奖。孔子进一步给子贡说："你知道了谦虚，那谦虚的实质是什么呢？孔子不等子贡回答，接着说："就像大地一样，大地不比什么都低吗？但大地挖深了就涌出泉水来，播了种就长出五谷来，草木生长，鸟兽繁衍，所有的生命都来自大地，所有的死亡都回归大地，大地无所不包，无所不容，养育万物而从没听过它说什么。"子贡听了连连点头。

孔子名声越来越大，人们仰慕他有渊博的知识，佩服他匡扶君王的方略，有抱负的君臣或派使者或亲自远道慕名来曲阜向孔子请教问题。这些天，连连有鲁定公、齐景公的使者向孔子问政，子贡均在场奉陪。事后，子贡问孔子："齐公请教老师为政的首要之务，老师的回答是节约财用；鲁公请教老师时，老师回答是了解下臣。为什么一个问题两个答案呢？"孔子说："这是因为两个国家的实际情况不同，齐国是个奢侈过度的国家，所以我给齐公的回答是节约财用。鲁国最大的问题是大夫

间互相争权夺利，企图架空鲁公，所以我以鲁公的回答是了解
臣下。"子贡听了，颇受启发，心中更加敬佩起老师来。

　　一天，子贡随孔子在楚国汉水采风。他们经过一处村庄时，
看见一位美艳动人的少女正在溪畔浣纱。孔子对子贡说："去向
那姑娘采一下风。她外表十分庄重安适，不知她的心底如何？
你可以用巧言试探她。"子贡看着老师，神情有点不自然。孔子
微笑着说："是碍于男女大防吧。"子贡笑着默认。孔子说：
"我曾说过，非礼勿视，非礼勿动。这都是指的非礼举止，至于
采风，是合乎礼的。过去，为考察风俗民情、政事得失，古代
帝王常常专设官职去做这样的事情。你去采风，不必忌讳。"子
贡奉师命，走到姑娘身旁，举着一只杯施礼："这位大姐，俺是
从北方来的，天气炎热，你能否给俺一杯水，以解口渴？"少女
看了子贡一眼，微笑道："南国溪水，清凉透底，它属于过路
人，并非俺个人所有。你要喝水尽可自己去舀，为何还要征得
俺的同意呢？"少女嘴上虽这么说，还是接过子贡手中的杯子，
舀了满满一杯，放在地上，很有礼貌地说："按照俺这里的礼
节，这杯水俺不能亲自递到您手里，请原谅！"子贡把水端给孔
子，将自己和少女的对话说了一遍。孔子听了点了点头，又从
车上拿出一张琴，对子贡说："你把这个拿去，再同她说几句，
看她怎么回答。"子贡拿着琴，又走到少女跟前说："刚才喝了
您送的水，听了您说的话，好似秋风送爽，仿佛雪中送炭，令
俺周身舒畅。俺这里有琴一张，不知您会调情乎？"子贡故意把

"琴"说成"情"，以观察少女的反应。开始那少女很反感地皱皱眉，接着又心平气和地对子贡说："俺是山野村姑。不通五音六律，怎么能与你调情呢？"少女也故意把"调琴"说成"调情"。子贡抱着琴回到孔子面前，把与少女的对话一说，孔子还是点点头说："再把一些银两送她，看她怎么说。"子贡第三次来到少女身边，说："刚才多承您的指教，因是赶路人，无以报答，现送您些银两略表寸心。"少女一听，站了起来，指着子贡怒斥道："你究竟是什么人？为什么有路不走，却三番两次纠缠俺？又为什么平白无故地送俺银两？你究竟安的什么心？俺一个年轻女子，怎会随便收你的东西？你要是还不走，俺就要喊人来对你不客气啦！"子贡见状，连声说："对不起，对不起！"孔子听了子贡的叙说，连连点头，赞叹道："对呀！对呀！《诗经》中有一首《汉广》中说：'南国有棵高大的树木，却不能在它下面休息；汉水边有位游春的少女，但不能对她行为不端。'南国少女果真如此呀！"

2. 孔子与颜回

战乱纷飞的当时，一个国家俘虏了别国的士兵就将他们脸上刺字变成奴隶使用。鲁国有很多战俘在别国当奴隶。鲁国政府为了解救这些奴隶就出台一个优惠政策：如果人们将鲁国籍的奴隶赎回的话，不但可以到政府报销赎金还可以领赏。但是颜回在齐国赎回了很多奴隶既不去报销也不去领赏，赢得了人们的称赞，但是孔子却很生气地告诉他，你这个举动将鲁国的俘虏们害苦了，以后没有人敢赎他们了。颜回很吃惊。孔子说，你是富有阶层能有大批的钱赎奴隶不要报酬，但是大部分的鲁国人没有这些钱，如果他们以后赎回奴隶后去报销领赏的时候，人们肯定会拿你作比较会瞧不起他，但是如果不去报销领赏的话，经济上又负担不起。颜回醒悟后马上去报销领赏了。

3. 孔子与子路

子路曾经问孔子："听说一个主张很好，是不是应该马上实行？"孔子说："还有比你更有经验、有阅历的父兄呢，你应该先向他们请教请教再说，哪里能马上就做呢？"可是冉有也同样问过孔子："听说一个主张很好，是不是应该马上实行呢？"孔子却答道："当然应该马上实行。"公西华看见同样问题而答复不同，想不通，便去问孔子，孔子说："冉求遇事畏缩，所以要鼓励他勇敢；仲由遇事轻率，所以要叮嘱他慎重。"

4. 孔子与冉有

冉有曾告诉过孔子："不是不喜欢你讲的道理，就是实行起来力量够不上呢。"孔子说："力量够不上的，走一半路，歇下来，也还罢了；可是你现在根本没想走！"这就是冉有的情形。子路不然，子路是个痛快人，孔子曾说他三言两语就能断明一个案子。有一次，孔子开玩笑地说："我的理想在中国不能实现的话，我只好坐上小船到海外去，大概首先愿意跟着我的准是仲由了。"子路当了真，便欢喜起来。孔子却申斥道："勇敢比我勇敢，可是再也没有什么可取的了！"这就是子路的脾气。孔子对他们说的话，都是对症下药。

5. 孔子与颜渊

孔子对其他弟子也同样有中肯的批评。颜渊是他最得意的弟子，但因为颜渊太顺从他了，便说道："颜回不是帮助我的，因为他对我什么话都一律接受！"又如孔子是主张全面发展的，如果单方面发展，他认为那就像只限于某一种用处的器具了，所以说："有学问、有修养的人不能像器具一样。"可是子贡就有陷于一偏的倾向，所以他就批评子贡说："你只是个器具啊！"子贡问道："什么器具呢？"孔子说："还好，是祭祀时用的器具。"意思是说，从个别的场合看来，子贡是个体面的器具，却没有注意到全面的发展。

孔子注重启发，他善于选择人容易接受的机会给予提醒。他说："如果一个人不发愤求知，我是不开导他的；如果一个人不是到了自己努力钻研、百思不得其解而感觉困难的时候，我也不会引导他更深入一层。譬如一张四方桌在这里，假使我告诉他，桌子的一角是方的，但他一点也不用心，不能悟到那其余的三只角也是方的，我就不会再向他废话了。"孔子又往往能使人在原来的想法上更进一步。子贡有一次问道："一般人都喜欢这个人，这个人怎么样？"孔子说："这不够。"子贡又问："那么，一般人都不喜欢这个人呢？"孔子说："也不够。要一切好人都喜欢他，一切坏人都不喜欢他才行。"孔子常常以自己虚心的榜样来教育弟子。他曾说："我不是生来就知道什么的，我不过是喜欢古代人积累下来的经验，很勤恳、很不放松地去追求就是了。"又说："几个人一块儿走路，其中就准有我一位老师。"还说："我知道什么？我什么也不知道。有人来问我，我也是空空的。但我一定把人们提的问题弄清楚，我尽我的力量帮他思索。"

第二章　汉武帝——刘彻

（一）武帝生平

汉武帝刘彻（前156—前87），汉族，生于长安，幼名彘，是汉朝的第七位皇帝。汉武帝是汉景帝刘启的第十个儿子、汉文帝刘恒的孙子、汉高祖刘邦的曾孙，其母王娡，在刘彻被册立太子后成为皇后。

刘彻的母亲王娡进宫前曾嫁作金家妇，生有一女。刘彻的外祖母听了算命先生的话，将她从金家带走，进与皇太子，也就是后来的景帝。刘彻生于公元前156年，至公元前141年登基，实足年龄当不过15岁。兹后他在位54年，在中国历史上从秦朝设立始皇帝到清朝末代皇帝两千多年来是享国时间最长的君主。这纪录直到18世纪才为清朝的康熙打破。

刘彻4岁被册立为胶东王，7岁时被册立为太子。严峻的形势需要巨人来支撑，历史选择了一个16岁的少年皇子担当大任。在母亲和舅父的精心策划下，经过复杂的宫廷斗争，他得以登基。

16 岁登基，在位 54 年（前 141—前 87），建立了西汉王朝最辉煌的功业。曾用年号：建元、元朔、元光、元封、元狩、元鼎、征和、后元、太始。谥号"孝武"，厚葬于茂陵。《谥法》说"威强睿德曰武"，就是说威严，坚强，明智，仁德叫武。他的雄才大略、文治武功使汉朝成为当时世界上最强大的国家，他也因此成为了中国历史上伟大的皇帝之一。

刘彻做了皇帝之后表现出非凡的气魄！立刻下诏求贤，广开言路，试图进行改革。他的设想被祖母窦太后代表团的权贵外戚势力所压抑，遭遇重大挫折。但汉武帝决不是轻言放弃的人，他等待时机。在太皇太后死后，一举废黜了骄横的贵戚，毅然更换了黄老之道、无为而治的祖训，以"尊王攘夷"、"应天顺人"、"与时俱进"的儒家口号改革意识形态、统一帝国指导思想。

他实行察举、破格用人，任廉吏、严刑法；千方百计地削弱割据势力；破格用将、全民动员，连续多年对匈奴进行征伐，他将匈奴赶出河套和河西走廊，让南方的百越人、东南的闽越人、西南的云贵夜郎融入汉民族主流文化；他凿通西域，把大汉帝国的军旗第一次插上了帕米尔的雪峰，让响彻沙漠的驼铃声宣告东西文化最早路上交流通道的开辟；他深入中亚细亚，打开丝绸之路，奠定了中华帝国的壮阔版图；他加强中央集权，建立"中朝"，高度崇尚知识和文化，为学者设官，建立中央太学（最高学府）。

他接受董仲舒建议"罢黜百家，独尊儒术"，作为巩固政权的工具，将汉帝国推向了鼎盛的高峰。

在中国历史书内"秦皇汉武"经常互相衔接。今天我们看他的纪录，不能否定他是一个杰出的人物；但他的功业，仍要从长期的历史上作评判。最重要的一点，则是他所开创的局面，后人无法继续。所以我们读他的传记，一定要上与"文景之治"相陪联袂，而下面"从霍光到王莽"，更与他一生有着不可分离的关系。

汉武帝创立年号，同时他也是中国第一个使用年号的皇帝。他登基之初，继续他父亲生前推行的养生息民政策，进一步削弱诸侯的势力，颁布大臣主父偃提出的推恩令，以法制来推动诸侯分封诸子为侯，使诸侯的封地不得不自我缩减。同时他设立刺史，监察地方。加强中央集权，将冶铁、煮盐、酿酒等民间生意变成由中央管理，同时禁止诸侯国铸钱，使得财政权集于中央。不过事实上汉武帝时期从来不曾缺少法治思想，在宣扬儒学的同时汉武帝亦采用法术和刑名来巩固政府的权威和显示皇权的地位，因此汉学家认为这更应该是以法为主以儒为辅，内法外儒的一种体制，对广大百姓宣扬儒道以示政府的怀柔，而对政府内部又施以严酷的刑法来约束大臣。而宣儒并不等于弃法，法依然是汉武帝时期的最终裁决手段，当时积极启用的汲黯和对司马迁用宫刑即是其中著名的例子。

军事上，经文景之治的休养生息之后，中国的国力已达巅峰。汉武帝继位后，著手开始解决北方的匈奴的威胁。名将卫青、霍去病三次大规模出击匈奴，收河套地区，封狼居胥，匈奴从此一蹶不振，为后来把西域并入中国版图奠定基础。张骞出使西域，丝绸之路由此而始。

春节始于太初改历，汉武帝改正朔。

（二）性格解析

汉武帝是一个极其复杂的历史人物。叙述评价他的一生，不是一件容易的事。司马迁的《史记》成书于武帝太初年间，由于个人的不幸遭际和政治异见，他对武帝这个时代的评述掺入了强烈的个人感情色彩和主观偏见。

从公元前140年汉武帝即位，到公元前87年去世，他一共做了54年皇帝。武帝一生在位期间，主要做了五件大事：

一是打退了匈奴对中原的入侵，中华民族获得了从南到北、从东到西的广阔生存空间。

二是变古创制，包括收相权、行察举、削王国、改兵制、设刺史、统一货币、专管盐铁、立平准均输等重大改革与创制，建立了一套系统完整而且体现着法家之"以法治国，不避亲贵"

的政治制度。这种法制传统，成为此后二千年间中华帝国制度的基本范式。

三是将儒学提升为国家宗教，建立了一套以国家为本位、适应政治统治的意识形态，从而掌控了主流舆论，并且为精英阶层（士大夫）和社会树立了人文理想以及价值标准。

四是彻底废除了西周宗法制的封建制度，建立了一套新的行政官僚制度、继承制度和人才拔擢制度。

五是设计制订了目光远大的外交战略，并通过文治武功使汉帝国成为当时亚洲大陆的政治和经济轴心。

在中国历史上，汉武帝是第一位具有世界眼光的帝王。他的目光从 16 岁即位之初，就已经超越了长城屏障以内汉帝国的有限区域，而投向了广阔的南海与西域。

古今之论汉武帝者，惟清人吴裕垂特具卓识。其论略曰："武帝雄才大略，非不深知征伐之劳民也，盖欲复三代之境土。削平四夷，尽去后患，而量力度德，慨然有舍我其谁之想。于是承累朝之培养，既庶且富，相时而动，战以为守，攻以为御，匈奴远遁，日以削弱。至于宣、元、成、哀，单于称臣，稽玄而朝，两汉之生灵，并受其福，庙号'世宗'，宜哉！武帝生平，虽不无过举，而凡所作用，有迥出人意表者。始尚文学以收士心，继尚武功以开边城，而犹以为未足牢笼一世。于是用鸡卜于越祠，收金人于休屠，得神马于渥洼，取天马于大宛，以及白麟赤雀，芝房宝鼎之瑞，皆假神道以设教也。至于泛舟海上，其意有五，而求仙不与焉。盖舳舻千里，往来海岛，楼船戈船，教习水战，扬帆而北，懾展朝鲜，一也。扬帆而南，威振闽越，二也。朝鲜降，则匈奴之左臂自断，三也。闽越平，则南越之东陲自定，四也。且西域既通，南收滇国，北报乌孙，扩地数千里，而东则限于巨壑，欲跨海外而有之，不求蓬莱，将焉取之辽东使方士求仙，一犹西使博望凿空之意耳。既肆其西封，又欲肆其东封，五也。惟方士不能得其要领如博望，故屡事尊宠，而不授以将相之权，又屡假不验以诛之。人谓武帝为方士所欺，而不知方士亦为武帝所欺也！"

汉武帝是一个变法改制并且取得了伟大成功的帝王，是一个雄才大略规模宏远的君主。他是一个宏扬学术崇尚知识的贤君，也是一个知过能改，虚怀纳谏，任人以贤的明主。

武帝元朔元年的诏书说："朕闻天地不变，不成施化；阴阳不变，物不畅茂。"元朔六年诏书又说："五帝不相复礼，三代不同法。"

这表明，直到晚年，他仍在求新求变。他始终认为，只要情况变了，政策也要变，"非期不同，所急异务也"。

汉武帝是一位承前启后而又开天辟地的真正伟大的君王。在他之前的历史上，他所建树的文治武功无人可及。他的风流倜傥超群绝伦。他的想象力和巧妙手法使政治斗争成为艺术。他的权变和机谋令同时代的智者形同愚人。他胸怀宽广，既有容人之量又有鉴人之明。

他开创制度，树立规模，推崇学术，酷爱文学才艺。他倡导以德立国，以法治国。平生知过而改，从善如流，为百代帝王树立了楷模。从后来的魏武帝、唐太宗、明太祖、努尔哈赤、康熙皇帝的行藏中，似乎多少能看到汉武帝的影子。

汉武帝具有超越历史的雄才大略，是一位战略和外交设计的奇才。这种天才使他能运筹帷幄而决胜万里，处庙堂之上，而其武功成就，则足以使驰骋于疆场的将帅黯然失色。但是，汉武帝绝不是一个超俗绝世的圣者。他好色、骄傲、虚荣、自私、迷信、奢侈享受、行事偏执；普通人性所具有的一切弱点他几乎都具有。但是，尽管如此，即使他不是作为一个君王，而仅仅是作为一个普通凡人，那么以其一生的心智和行为，他仍然应被认为是一个顶天立地的男子汉，一个机智超群的智者，一个勇武刚毅的战士，一个文采焕然的诗人，一个想象力奇特的艺术家，以及一个令无数妙女伤魂断魄的荡子，最坏又最好的情人。

他不仅开创了制度，塑造了时代，他的业绩和作为深深地熔铸进了我们这个民族的历史与传统中。汉民族之名，即来源于被他以银河作为命名的一个年代——"天汉"。在他那个时代所开拓的疆土，勾勒了日后两千年间中华帝国的基本轮廓。而这个帝国影响力所幅射的范围，由咸海、葱岭、兴都库什山脉直到朝鲜半岛；由贝加尔湖到印度支那，则扩展成了汉文化影响所覆盖的一个大文化圈。伟人和天才是无法描画的，是不可思议的，是难以用通常标准衡量的，也是无法用世俗尺度去衡量评估的。

汉武帝前无古人的巨大功业，成为社会前进运动中一座勃然突起的巨峰，成为中国历史上一颗耀眼的巨星。汉武帝的时代是中华民族历史上最值得自豪和展示的伟大时代之一。

长达 54 年的铁腕统治，铸就了刘彻雄才大略的独特风格和高大形象。汉武帝的时代也是英雄辈出的时代，司马迁、董仲舒、张骞、李广、卫青、霍去病、苏武，这些英杰名垂青史。

但是，任何巨人都既有辉煌，又有错戾。刘彻也莫能例外。多年的征战，耗尽中国国力，他统治下的晚年发生了邪教作乱的"巫蛊之祸"。在内乱平定之后，他全面反思回顾自己的一生，发出轮台罪己诏。

汉武帝治国的基本思想是：尊王廉政、强国富民。外交的基本思想是：广结友邦，怀柔万国，御辱而不称霸，重武而不轻文。这些思想至今仍有现实意义。

通过对汉武帝时代文治武功的回顾，可以树立爱国主义的信心，汲取英雄主义奋发有为的斗志，增强民族文化的历史的自豪感。

（三）刘彻的爱情纠葛

1. 阿娇

　　陈阿娇，即汉朝孝武陈皇后。她是汉武帝刘彻的原配妻子，原籍安徽天长。

　　陈氏是西汉帝室贵胄：汉文帝刘恒是她外公，汉孝文皇后窦氏（即窦太后窦漪房）是她外婆，汉景帝刘启是她舅舅，汉武帝是她表弟兼丈夫。陈阿娇的父亲是世袭堂邑侯陈午，乃汉朝开国功勋贵族之家；母亲是汉景帝刘启的唯一的同母姐姐馆陶公主刘嫖，是当时朝廷中举足轻重的人物。陈阿娇自幼就深得其外祖母——汉景帝之母窦太后的宠爱。

　　陈阿娇的母亲刘嫖即馆陶公主，是汉景帝胞姐。因为与汉景帝同父同母所生，又是汉景帝惟一的亲姐姐，两人姐弟情深，所以馆陶公主刘嫖在皇室中的地位非常尊贵。汉武帝名叫刘彻，当他4岁的时候，馆陶公主想把自己的女儿阿娇许配给他。一次，馆陶公主问刘彻说："你想娶妻吗？"刘彻答："当然想娶妻了。"馆陶公主用手指着当时站在左右的一百多个侍女问刘彻，你喜欢哪个，刘彻说都不喜欢。馆陶公主又指着她的女儿阿娇问刘彻说："那你觉得阿娇好吗？"结果刘彻满意地回答："太喜欢了！如果能够娶阿娇为妻，我就筑金屋让阿娇住。"馆陶公主听了小刘彻的话，自然欢喜，于是把女儿许给了刘彻。这也就是有名的"金屋藏娇"的故事。

"金屋藏娇"婚约是当时汉朝政治的一个转折点。馆陶公主由于女儿婚约已定，转而全面支持刘彘上位。经其一番刻意经营，景帝震怒，厌恶粟姬，废皇太子刘荣，贬为临江王，贬粟姬入冷宫。不久，册封王娡为后，立刘彘为皇太子并给刘彘改名为刘彻。

馆陶公主，汉武帝的姐姐，有她的打算，一旦刘彻能够当上太子，最后当上皇帝，自己的女儿也就能成为皇后。所以馆陶公主也就十分希望刘彻能够继位为太子，于是多次在弟弟汉景帝前面中伤当时的太子刘荣，赞美刘彻。后来，汉景帝果然改立刘彻为太子，这就是后来的汉武帝。汉武帝继位后，就立陈阿娇为皇后。

初期，汉武帝在政见上与其祖母太皇太后窦氏发生分歧，建元新政更触犯了当权派的既得利益，引起强烈反弹。赖于皇后陈氏极受太皇太后喜爱，以及馆陶公主与堂邑侯府的全力支持与周旋，汉武帝有惊无险保住了帝位。此时，"金屋藏娇"就像当时人们所希望的那样，是令人津津乐道又羡慕不已的婚姻传奇——年轻的皇帝与皇后琴瑟和谐、患难与共。

太皇太后窦氏（窦漪房）去世之后，武帝亲政，逐步坐稳帝位，终于大权独揽。可叹的是："苦尽"之后未有"甘来"，能够"同患难"的夫妻却不能"共富贵"。

陈后出身显贵，自幼荣宠至极，性格骄纵率真，且有恩于武帝，不肯逢迎屈就，夫妻裂痕渐生。兼之岁月流逝，却无生育，武帝喜新厌旧，厌弃于她。《汉书》记载：武帝得立为太子，长主有力，取主女为妃。及帝即位，立为皇后，擅宠骄贵，十余年而无子。

汉武帝喜好女色，多内宠，后宫无数。后宫中，汉武帝母姐平阳公主进献的女奴卫子夫（史书中记过卫子夫弟弟卫青的一段：其父郑季，为吏，给事平阳侯家，与侯妾卫媪通。秦汉时期的妾，有女奴的含义。所以，卫女随卫媪，为平阳府中奴）最先为武帝生育三女一子。

此时，汉宫里发生一件真相莫测的"巫蛊"案，矛头直指被汉武帝冷落已久的陈皇后。汉武帝命酷吏张汤查案。

元光五年（前130），27岁的刘彻以"巫蛊"罪名颁下诏书："皇后失序，惑于巫祝，不可以承天命。赐皇后册，收其上玺绶，罢退，居长门宫。"从此，武帝把陈后幽禁于长门宫内；衣食用度上依旧是皇后级别待遇不变（"后虽废，供奉如法，长门无异上宫也。"《资治通鉴》卷第十八汉纪十。上宫：即一般宫殿）。

至此，金屋崩塌，"恩""情"皆负。

2. 李夫人

孝武皇后李氏，倡家出身，中山人（今河北省定州市），父母均通音乐，都是以乐舞为职业的艺人。她的哥哥李延年，能作曲，能填词，也能编舞，算是一个天生的艺术人才。由平阳公主将李延年的妹妹推荐给汉武帝。李氏被封为夫人，生汉武帝第五子刘髆（昌邑王），后追封为皇后。有兄弟姐妹：李延年、李广利。汉武帝刘彻自幼喜欢音乐与歌舞，当时李氏的兄长李延年是汉宫内廷音律侍奉。对音乐颇有研究，而且善歌舞，他所作之曲，听者常为之感动。一日，李延年率为汉武帝唱新歌：北方有佳人，绝世而独立；一顾倾人城，再顾倾人国；宁不知倾城与倾国，佳人难再得。

汉武帝问道："果真有如此美貌的佳人吗?"平阳公主接刘彻的话说："延年的妹妹貌美超人！"武帝连忙下诏，召李氏进宫。刘彻见李氏后顿时惊喜万分！只见李氏体态轻盈，貌若天仙，肌肤洁白如玉，而且同其兄长一样也善歌舞。武帝刘彻被李氏深深吸引，就这样李氏开始了她的宫廷生活。李夫人进宫后，立刻受到了宠爱。

汉武帝自得李夫人以后，爱若至宝，一年以后生下一子，被封为昌邑王。李夫人身体羸弱，更因为产后失调，因而病重，萎顿病榻，日渐憔悴。但武帝依然惦记着她，对其她嫔妃毫无

兴趣，此时，卫后已色衰失宠，所以，武帝念念不忘李氏，便
亲自去李氏的寝宫探视，深知色衰就意味着失宠的李夫人却颇
有心计，自始至终要留给汉武帝一个美好的印象，因此拒绝汉
武帝来探病。见武帝来便将全身蒙入被中，不让武帝看她。武
帝很不理解，执意要看，李夫人蒙被说道："臣妾想将儿子昌邑
王与妾的兄长托付于陛下。"武帝劝说道："夫人如此重病，不
能起来，若是你让朕看你，你当面将他们托付给朕，岂不快
哉！"李夫人却用锦被蒙住头脸，在锦被中说道："身为妇人，
容貌不修，装饰不整，不足以见君父。如今蓬头垢面，实在不
敢与陛下见面。望陛下理解。"汉武帝相劝："夫人若能见我，
朕净赐给夫人千金，并且给夫人的兄弟加官进爵。"李夫人却始
终不肯露出脸来，说：能否给兄弟加官，权力在陛下，并不在
乎是否一见。"并翻身背对武帝，哭了起来。武帝无可奈何，十
分不悦地离开。

汉武帝离开后，李夫人的姐妹们都埋怨她，不该这么做。
李夫人却说："凡是以容貌取悦于人，色衰则爱弛；倘以憔悴的
容貌与皇上见面，以前那些美好的印象，都会一扫而光，还能
期望他念念不忘地照顾我的儿子和兄弟吗？"她死后，汉武帝伤
心欲绝，亲自督饬画工绘制他印象中的李夫人形象，悬挂在甘
泉宫里，旦夕徘徊瞻顾，低徊嗟叹；对昌邑王钟爱有加，将李
延年推引为协律都尉，对李广利更是纵容关爱兼而有之。

3. 卫子夫

卫子夫其实是汉武帝的姐姐平阳公主家的一个唱歌的奴婢。平阳公主喜欢歌舞，家里蓄养了十几个长相漂亮的歌女，卫子夫就是其中一位。卫子夫当时已结婚，有夫君。建元二年（前139 年）三月上巳，汉武帝去灞上祓祭，回宫路上路过平阳公主家，喜欢上年轻漂亮的卫子夫。平阳公主就向武帝禀奏进献，于是卫子夫入宫服侍武帝。

武帝对卫子夫又怜又爱，不久卫子夫就有了身孕。当时武帝没有子嗣，所以此后卫子夫的尊宠日隆。卫子夫先后生三女，元朔元年（前 128 年）卫子夫生了一个男孩，起名刘据，是为汉武帝的长子，就是后来的太子。当时的民间流传着卫子夫从歌女到皇后，一人得志，全家富贵的传奇。卫子夫出身卑微，原来只是一个歌女，后来跻身于一朝皇后之列，成为虎威皇帝汉武帝的第二位皇后。卫子夫的经历不仅改变了自己的命运，同时也改变了自己一家人的命运，其弟卫青、外甥霍去病都是汉代历史上著名的抗击匈奴的英雄。

然而，卫子夫在后宫复杂的环境中，做了 38 年的皇后，并不是独霸天下，而是处处小心，谨小慎微，以恭谨谦和赢得汉武帝的恩宠，赢得了大臣和后宫人等的尊敬。在后来的日子里，因为卫子夫年老色衰，汉武帝移情别恋。虽然武帝后宫宠幸的嫔妃不少，但是因为卫后小心谨慎，所以汉武帝对卫后还是很信任的。武帝每次出行，都把后宫事务托付给皇后。

卫子夫的儿子刘据，是汉武帝的长子，元朔元年（前128年）被立为太子。汉武帝29岁才有儿子，一开始非常喜欢刘据，但是等到刘据长大以后，汉武帝嫌他性格太仁厚软弱，能力也一般，所以逐渐冷淡了他。在武帝晚年，卫后、太子因为武帝的宠幸渐渐少了，他们常常感到不安，甚至有性命之忧。汉武帝知道后，为了不让卫后和太子担心，就叫卫青传话，说："汉家庶事草创，加四夷侵凌中国，朕不变更制度，后世无法；不出师征伐，天下不安；为此者不得不劳民。若后世又如朕所为，是袭亡秦之迹也。太子敦重好静，必能安天下，不使朕忧。欲求守文之主，安有贤于太子者乎！闻皇后与太子有不安之意，岂有之邪？可以意晓之。"卫后知道后，感激得热泪盈眶，马上脱去头上的簪饰去向武帝请罪，表现得非常谦恭。

卫子夫坐上皇后宝座主要原因有两点：

一是陈皇后因为十余年无子，汉武帝对她的宠幸日衰。陈皇后曾经为了得到儿子，求医看病花钱达9000万之多，结果还是竹篮打水一场空。陈皇后被废，一是因为她确实没有生子，更重要的原因在于武帝喜新厌旧，再加上陈皇后不懂得自保之策，恃贵而骄，所以武帝废掉陈皇后是迟早的事。

二是陈皇后既得不到武帝的宠幸，又对武帝宠幸其他后宫嫔妃非常生气。当其听说卫子夫得到武帝宠幸时，非常恼怒，几次在汉武帝面前要死要活的，汉武帝因此对陈皇后更添反感。后来，陈皇后在宫中让一个名叫楚服的女巫利用巫术来实现自己的企图，希望重新获得武帝的宠爱。此事为汉武帝所知后，认为皇后为巫术迷惑，不配再当皇后。所以在此案发生后，陈皇后被废。不久，新受宠的卫子夫被立为皇后。

"一人得志，全家升天"。卫子夫当了皇后以后，卫氏家族亦受到汉武帝的宠幸，特别是卫子夫的弟弟卫青、外甥霍去病既有真实本领，又因为"外戚"的缘故而有了建功立业的机会，通过流血奋战，成为西汉历史上赫赫有名的将军，立下了不朽的功勋。汉武帝封卫青为长平侯及大司马大将军，卫青的三个儿子还在襁褓之中，就都被封为列侯。卫后的姐姐卫少儿的儿子霍去病也因军功卓著，被封为冠军侯，做到大司马骠骑将军。卫氏满门将相侯，"卫氏支属侯者五人"。当时武帝的姐姐平阳公主新寡，卫青又娶了平阳公主。这样，武帝娶卫青的姐姐，卫青娶武帝的姐姐，真是亲上加亲。

上面说到"外戚"这个词，这里解释一下。所谓的外戚，就是指皇帝的母族或者妻族。他们利用掖庭之亲，于朝廷之内总揽朝纲大权，于军事上居享兵戎之重，构成封建政治史上的怪胎：外戚政治。外戚政治的极端形式就是"外戚专权"了。汉代是外戚政治极其突出的时期，早在西汉建朝之初，就有吕氏的外戚之乱；西汉鼎盛时期，汉武帝则利用窦氏、田氏、卫氏等外戚政治来加强皇权，玩弄外戚与列侯于股掌之中；而于西汉中晚期，外戚政治继续发展，但是这个时期的皇帝已不具有当年武帝的魄力，于是皇权每况愈下，最终旁落。

常言说得好：树大招风。正是因为卫氏家族的富贵，所以遭到一些人的嫉妒和陷害。征和二年（前91年）六月至八月之间，武帝非常信任的一个名叫江充的酷吏，以"巫蛊"之罪，陷害卫后和太子刘据等人，致使卫氏家族从兴盛走向灭亡。

汉朝人很相信巫术，汉武帝期间发生多次"巫蛊"事件，对当时的政治、社会都产生了巨大影响。所谓"巫蛊"就是利用人们的迷信，将象征真人的木制偶人埋到地下，通过巫师祈求神鬼，帮助施行巫蛊者加害所要憎恶诅咒的人。汉朝皇宫内最忌讳"巫蛊"，武帝一朝因为巫蛊事件而多次构成大狱，许多人受牵连而死。前面说的陈皇后就是因为"巫蛊"事件引火烧身，还使得卫子夫因祸得福。然而，这次是江充把"巫蛊"的罪名强加在卫子夫身上，使卫子夫家破人亡，惨遭灭顶之灾。

太子刘据为人忠厚，平时遇有冤狱，往往代为平反，颇得民心。而江充等武帝时代的酷吏，处事方式与太子不同，对太子早就心怀不轨。

武帝当时在甘泉宫患病，江充就向武帝说，武帝的疾病是因为"巫蛊"的原因。武帝就派江充审理，又派按道侯韩说、御史章赣、宦官苏文等协助江充。江充先惩治后宫嫔妃，然后开始对皇后和太子下手。江充故意在太子宫中掘地三尺，太子、卫后的宫殿被挖得连放张床的地方都没有，最后江充把早就准备好的桐木人，一本正经地从太子、卫后的宫殿挖出来，就要向汉武帝禀报情况。当时汉武帝在甘泉宫避暑，宫中只有卫后、太子在。太子知道是江充陷害自己，就按照自己的老师石德的意见，发兵抓了江充，并亲手杀了他。宦官苏文逃到甘泉宫，向武帝报告说太子造反。武帝一开始不相信，派人去召太子。但是派出的使者不敢去，就回报武帝说，太子真的造反了。武帝大怒，派丞相刘屈发兵讨伐太子，太子兵败，逃出长安，太子、卫后自杀身亡。

卫子夫从一个歌女升为一代皇后，万万没有想到，最后却落得这样的下场。

（四）人物评价

汉武帝刘彻54年的统治历程，前无古人的巨大功业，使汉武帝成为历史发展道路上一座罕见的高峰，成为中国历史上一颗耀眼的巨星。他的雄才大略使汉朝成为当时世界上最强大的国家，成为世界文明无可争议的中心，而汉武帝的时代，也成为中华民族历史上最值得自豪和展示的伟大时代之一。

汉武帝的人生充满矛盾。他是一个浪漫的诗人，一个痴情而多变的情种，他与阿娇、李夫人、卫子夫之间有着动人心弦的故事，他一生丰富复杂的情感为该剧的戏剧张力打开了很大的表现空间。他爱民如子，同时杀人如麻。他用剑犹如用情，用情犹如用兵。在中国历史上，不乏英雄、伟人、壮士、志士和圣者，但是，放置在任何人群中，他都会同样地引人注目。你不可能不钦佩他，也不可能不畏惧他——这就是刘彻。

CCTV 播出的《汉武大帝》片头是这么评价汉武帝的：

他建立了一个国家前所未有的尊严，

他给了一个族群挺立千秋的自信，

他的国号成了一个伟大民族永远的名字。

这样高的评价在中国的历史剧中是很少见的。

看了汉武大帝此生的功与过，以及现世对他的高度评价。接下来，我们从他辉煌人生中的一些历史事件，来看看千古大帝的性格究竟是怎样的？他真的会是一个完美的人么？

毁誉参半

汉武帝是第一个用"罪己诏"进行自我批评的皇帝。

征和四年（前89年），汉武帝向天下人昭告：自己给百姓造成了痛苦，从此不再穷兵黩武、劳民伤财，甚至表白内心悔意。这就是《轮台罪己诏》。这份诏书，是中国历史上第一份帝王罪己诏。

敢于罪己，置自己过失于天下舆论中心，汉武帝无疑是第一人！至此，后代皇帝犯了大错，也会下"罪己诏"，公开认错，展示明君姿态。

直言敢谏的汲黯曾批评汉武帝：皇上杀人太多，即使平日信任的人，也不予宽恕。这样搞下去，天下人才早晚都会被杀光。汉武帝不为所动，漠然一笑：何世无才，只是人主没有识得人才的慧眼。如果能够辨明人才，何必担心天下无才？（上招延士大夫，常如不足。然性严峻，群臣虽素所爱信者，或小有犯法，或欺罔，辄按诛之，无所宽假。汲黯谏曰：陛下求贤甚劳，未尽其用，辄已杀之。以有限之士，恣无已之诛，臣恐天下贤才将尽，陛下谁与共为治乎？黯言之甚怒。上笑而谕之曰：何世无才？患人不能识之耳。苟能识之，何患无人？夫所谓才者，犹有用之器也，有才而不肯尽用。与无才同，不杀何施？）

就是这样一位视人才如草芥的汉武帝，一方面又极端地爱才、惜才。

封建专制体制下，人才使用有两大陋习：一是任人唯亲，只用自己熟悉亲信的人；二是论资排辈，必须按"三十九级台阶"，一级一级往上爬，不能"乱"了规矩。而汉武帝一不会因言废人：只要有才华，主父偃持不同政见，汉武帝照样求贤若渴；二是敢于破格提拔：因为有能力，卫青家奴出身，汉武帝竟然破格提拔。汉武帝时任用官吏是多元化的。二千石以上官吏可通过任子制度使子孙当官；有钱人可通过"赀选"当官；先贤的后裔可以受照顾，如贾谊的两个儿子就被关照当了郡守。然而，尤为突出的是武帝用人惟才是举、不拘一格。如皇后卫子夫是从奴婢中选拔出来的。卫青、霍去病分别是从奴仆和奴产子中选拔出来的。而丞相公孙弘、御史大夫儿宽，以及严助、朱买臣等人都是从贫苦平民中选拔上来的；御史大夫张汤、杜周和廷尉赵禹则是从小吏中选拔出来的。尤其值得注意的是汉武帝任用的一些将军是越人、匈奴人。而金日磾（音：jīn mì dī）这样一位匈奴的俘虏在宫中养马的奴隶，竟然与霍光、上官桀一齐被选拔为托孤的重臣。这些情况说明汉武帝选拔人才是不受阶级出身与民族差别限制的。然而，这不是说汉武帝用人没有标准，标准还是有的，标准就是"博开艺能之路，悉延百端之学"，"州郡察吏民有茂材异者，可为将相及使绝国者"。这就是说，只要愿为汉朝事业奋斗，有艺能、有才干的人，能为将相和可以出使遥远国度的人都可任用。一句话，用人的标准是惟才是举。正因如此，汉武帝时人才济济。班固就惊叹地说："汉之得人，于此为盛！"这种现象的出现是值得认真研究的。

不仅如此，汉武帝甚至摈弃正统，容纳异类，慧眼发现东方朔，将庄严的朝堂变成一个充满温情和快乐的休息室，君臣之间宛如玩伴；同时，他不以狎亵而丧失原则，对东方朔的诤言击节赞叹，言听计从。

他初读《子虚赋》，即大为倾慕；得见作者司马相如，如获至宝，让他享受与自己同等的写作待遇。能识人、能容人、能用人，汉武帝千古无二。秦始皇、汉高祖视文人为腐儒，唐太宗、清高宗或能知人，终究雅量阙如。

他刚一即位，就发出了一个很不平常的求贤诏书，指出不管一个人出身贵贱，只要有特殊才能，就可封为将相。他说到做到，破格录用了许多下层出身的人才。

下面有个小故事也可以体现出他的不拘一格，惟才是用。

有一次，17岁的汉武帝带着随从微服出访，来到一个叫做柏谷的地方。

晚上，他们住进一家客店。店主人见他们年纪轻轻，行动诡秘，以为是一伙盗贼。汉武帝口渴了，想讨点水喝。店主人脑袋一扬，没好气地说："我这里没有水，只有尿！"说完，就偷偷溜出店门，打算召集附近的老百姓袭击这伙可疑的旅客。店主人的妻子是个精明女子，她猜出了丈夫的心计，连忙跟了出来，好言相劝说："我看他们不像盗贼，那领头的倒像个贵公子。你千万不能轻举妄动，错伤好人。"店主人有些犹豫了，妻子乘机把他拉回屋里，花言巧语地劝他喝起酒来。不大一会儿，店主人就被灌了个烂醉。于是，女主人又是杀鸡，又是宰羊，摆下酒席盛情款待了客人一番。

第二天一早，汉武帝知道了事情的经过。回宫之后，他立即召见店主人夫妻俩，先赐给女主人一千两金子，接着又把目光投向男主人。顿时，大殿里的气氛紧张起来，人们以为男主人一定会受到惩罚。谁知，汉武帝不但没有降罪，反而称赞他疾恶如仇，是个壮士，并当场拜他为羽林郎。

这件事传出之后，汉武帝的威望更高了。

但在晚年，刘彻却因巫蛊之祸滥杀大臣王子，引得后世非议。相较于一生从未滥杀一位大臣的秦始皇，这无疑是刘彻的不及。

巫蛊之祸

巫蛊之祸是汉武帝末年封建统治集团内部发生的重大政治事件，皇后卫子夫、太子刘据、诸邑公主与阳石公主和数位大臣皆死于巫蛊之祸。巫蛊为一种巫术。当时的人们认为使巫师祠祭或以桐木偶人埋于地下，这样诅咒下去，就可以让被诅咒者即有灾难，诅咒者自己得福。汉代巫蛊术十分盛行。这种巫蛊术，也传进了皇宫。那些怨恨皇帝、皇后和其他人的美人、宫女，也纷纷埋藏木头人，偷偷地诅咒起来。

征和二年（公元前91），丞相公孙贺之子公孙敬声被人告发为巫蛊咒武帝，与阳石公主通奸，贺父子下狱死，连及诸邑、阳石公主皆坐诛。武帝命宠臣江充为使者治巫蛊，江充与太子有隙，遂陷害太子，并与案道侯韩说、宦官苏文等四人追查，太子自杀，卫后亦自杀。久之，巫蛊事多不信。田千秋等上书讼太子冤，武帝乃夷江充三族。又做"思子宫"，于太子被害处作"归来望思之台"，以志哀思。这也或许成为武帝心里永远的一道伤疤。下面我们就来看看巫蛊之祸这件事的原委。

汉武帝晚年十分奢侈，常常大兴土木，以致国库空虚。汉武帝还喜欢任用酷吏，加重刑罚，从来也不把杀人当作一回事。而太子刘据则经常劝他与民休息，尽量减轻老百姓的负担，实行宽厚仁慈的政策。于是，汉武帝逐渐对刘据产生了不满和怨恨。

除太子刘据外，汉武帝后来还有 5 个儿子。在这 6 个儿子里面，汉武帝最喜欢的是小儿子刘弗陵。汉武帝经常夸耀刘弗陵像自己，太子的地位岌岌可危。

汉武帝对这一套很迷信。有一天中午，他正躺在床上睡觉，忽然梦见几千个手持棍棒的木头人朝他打来，把他给吓醒了。他以为有人在诅咒他，立即派江充去追查。

江充是一个心狠手辣的家伙，他找了不少心腹，到处发掘木头人，并且还用烧红了的铁器钳人、烙人，强迫人们招供。不管是谁，只要被江充扣上"诅咒皇帝"的罪名，就不能活命。没过多少日子，他就诛杀了好几万人。

在这场惨案中，丞相公孙贺一家，还有阳石公主、诸邑公主等人，都被汉武帝斩杀了。江充见汉武帝居然可以对自己的亲生女儿下毒手，就更加放心大胆地干起来。他让巫师对汉武帝说："皇宫里有人诅咒皇上，蛊气很重，若不把那些木头人挖出来，皇上的病就好不了。"

于是，汉武帝就委派江充带着一大批人到皇宫里来发掘木头人。他们先从跟汉武帝疏远的后宫开始，一直搜查到卫皇后和太子刘据的住室，屋里屋外都给掘遍了，都没找到一块木头。

为了陷害太子刘据，江充趁别人不注意，把事先准备好的木头人拿出来，大肆宣扬说："在太子宫里挖掘出来的木头人最多，还发现了太子书写的帛书，上面写着诅咒皇上的话。我们应该马上奏明皇上，办他的死罪。"

刘据见江充故意陷害自己，立即亲自到甘泉宫去奏明皇上，希望能得到皇上的赦免。而江充害怕刘据向汉武帝揭穿了自己的阴谋，赶紧派人拦住刘据的车马，说什么也不放他走。刘据被逼得走投无路，只好让一个心腹装扮成汉武帝派来的使者，把江充等人监押起来。

刘据指着江充骂道："你这个奸臣，现在还想挑拨我们父子的关系吗？"说完，刘据就借口江充谋反，命武士将他斩首示众。

太子刘据为预防不测，急忙派人通报给卫皇后，调集军队来保卫皇宫。而这时，宦官苏文等人逃了出去，报告汉武帝说是太子刘据起兵造反。汉武帝信以为真，马上下了一道诏书，下令捉拿太子。

事到临头，刘据只好打开武库，把京城里的囚犯武装起来，抵抗前来镇压"造反"的军队。并想调集胡人军团与北军，结果胡人军团被汉武帝调集镇压太子叛乱，北军监护使者任安受了太子的印后闭门不出。太子还向城里的文武百官宣布："皇上在甘泉宫养病，有奸臣起来作乱。"这样一来，弄得城里的官民也不知道究竟是谁在造反，就更加混乱起来。

双方在城里混战了四五天，死伤了好几万人，大街上到处都是尸体和血污。结果，刘据被打败，只好赶紧带着他的两个儿子往南门，守门官田仁放太子逃出长安，最后跑到湖县（今河南灵宝西）的一个老百姓家里躲藏起来。

不久，新安（今河南渑池东）县令李寿知道了太子的下落，就带领人马来捉拿他。刘据无处逃跑，只好在门上拴了一条绳子，上吊死了。他的两个儿子和那一家的主人，也被李寿手下的张富昌等人杀死了。此时在宫中的卫皇后也已自尽身亡。

后来，汉武帝派人调查，才知道卫皇后和太子刘据从来没有埋过木头人，这一切都是江充搞的鬼。在这场祸乱中，他死了一个太子和两个孙子，又悲伤又后悔。于是，他就下令灭了江充的宗族，宦官苏文被活活烧死。其他参与此事的大臣也都被处死。

最后，汉武帝越想越难过，就派人在湖县修建了一座宫殿，叫作"思子宫"，又造了一座高台，叫作"归来望思之台"，借以寄托他对太子刘据和那两个孙子的思念。

论汉武帝的功过一生遥遥历史长河，有如大浪淘沙。雨打飘萍，书写着一段段历史。几千年的光阴，转瞬即逝。有人名垂史册，有人遗臭万年，而更多者则化为皑皑白骨，尘封在历史的角落。然而，有个人则不甘于成为历史的大多数，毁誉参半的评价则使他成为千秋万世争论的焦点——汉武帝。

　　评价一个人真的很难，客观的评价一个人更难。人作为社会性的动物很难在评价一个人时不夹杂一丝个人感情，我也在所难免。

　　就我个人来看，我更加欣赏早期的汉武帝，而对其晚年的种种做法不敢苟同。汉武帝经历了由傀儡到掌权的艰辛奋斗。当然，复杂的宫廷斗争并不在我的讨论之列，我要说的首先从思想谈起，但思想却恰恰是宫廷斗争的一个变种。

　　汉武帝上台之前恰逢文景之治，汉朝实行休养生息的政策，思想上则是实行道家无为而至的思想。武帝上台之后经济积累已经达到一定高度，而匈奴的威胁则与日俱增，威胁着汉王朝的边疆。此时，武帝需要打破先辈所订下的种种政策枷锁，来解除边疆的威胁，实现自己心中的抱负。道家思想显然在此便显得有些不合时宜。于是，在历史的契机下，董仲舒适时地提出了"废黜百家，独尊儒术"的思想。天人合一的汉武帝也被赋予了"上天的"旨意。这是继秦始皇焚书坑儒后的又一次思想统一，也为汉武帝之后的北击匈奴扫开了最后的障碍。提到汉武帝时期的思想，有个人则不得不提。他就是使汉武帝备受误解和争议的中国历史上最伟大的史家——司马迁。

　　有人因为司马迁受到宫刑而指责汉武帝的专制与暴虐，本人对此不敢苟同。历史有个潜规则，今人不记当代史。而像《史记》这样一本史书则能在当世毫无保留的还原历史的本来面目，甚至劈头盖脸地评论帝王的是非，不得不说是一大奇迹。

由此可见武帝的胸襟并非狭隘之极。综上所述，汉武帝时期中国历史完成了又一次思想上的大一统，是一次影响深远的划时代思想变革。

汉武帝以武为号，其统治时期的历史版图也只有当时的罗马帝国可与其比拟。分析武帝对匈奴的胜利，主要有以下几个因素：

1. **物质条件：文景之治积累了大量的物资，经济繁荣，国力强盛。**

2. **知人善任：破格提拔卫青，霍去病等身份低下或年轻历浅的将领。**

3. **雄才伟略：汉武帝自身超绝的魄力与决心，是大胜匈奴的又一关键因素。**

在现代人看来，战争虽然非我所愿，但历来都是历史发展的催化剂。每每在不经意间战争一次次成为了民族融合的媒介，我们先祖的血统也大约在那时有了雏形，这也便是我们汉人之所以为汉的原因。

除此之外，汉武帝在政治上也有自己的独到之处，他吸取七王之乱的教训，意识到同姓王对统治的威胁，实行了推恩令，从根本上消除了其他刘姓王对自己的威胁。

我们在来看看一些著名的文人墨客是怎么看待汉武帝的。

其实，司马迁在《史记》中对他褒有贬，而班固的《汉书·武帝纪》对他的文治大加赞扬：

班固赞曰：孝武初立，卓然罢黜百家，表章六经，遂畴咨海内，举其俊茂，与之立功。兴太学，修郊祀，改正朔，定历数，协音律，作诗乐，建封禅，礼百神，绍周后，号令文章，焕然可述，后嗣得遵洪业，而有三代之风。如武帝之雄材大略，不改文景之恭俭以济斯民，虽诗书所称，何有加焉。

班固绝口不提汉武帝的武功，表明对汉武帝的武功是有保留的。

到了司马光笔下，也是表扬、批评兼而有之：

《资治通鉴》卷二十二，汉纪十四中臣光曰：孝武穷奢极欲，繁刑重敛，内侈宫室，外事四夷，信惑神怪，巡游无度。使百姓疲敝，起为盗贼，其所以异于秦始皇者无几矣。然秦以之亡，汉以之兴者，孝武能尊先王之道，知所统守，受忠直之言，恶人欺蔽，好贤不倦，诛赏严明，晚而改过，顾托得人，此其所以有亡秦之失而免亡秦之祸乎！

为什么人们对汉武帝的评价分歧如此之大呢？

首先，汉武帝是一个非常多面的人。他是一个政治家，非常有政治头脑；但又是一个普通人，喜怒哀乐俱备。他是一位明君，深知自己的历史责任；但他又是一位暴君，杀伐任性；他既立下盖世之功，又给天下苍生带来巨大灾难；他宠爱他喜欢的女人，可是，他不仅移情别恋，还为了江山，杀掉了自己最宠幸的女人。他绝顶聪明，又异常糊涂；为了传说中的宝马，居然不惜牺牲数万人的生命。在这些对立的角色中，他不是简单地非此即彼。两难之地，非常之时，他也会犹豫不定，甚至异常痛苦，同样有普通人的欢喜和哀愁、小气和算计、失眠和焦虑。在平常人眼里他果决、自信、有雄才大略。然而，我们在对他盖棺论定时，往往难免偏激，说好时千古一人；说坏时罄竹难书。这样，分歧就在所难免了。

我们无法使用单一的标准评价任何人。人性本就复杂，更何况封建帝王！或许他的好发自本心，也可能是笼络人心的手段；或许他的坏是皇权使然，不得已而为之；也可能是天性如此，薄情寡恩。因此，既然我们无法剥离他身上的帝王枷锁，我们的评价，就只能在他的帝王与凡人两种身份之间游移。当年天真无邪的"彘儿"，如何蜕变成一个既可爱又可怕的皇帝？怎么可能一言蔽之、一书尽之？

总之，汉武帝刘彻的一生是辉煌的，他的功与过对中华民族的发展都是不可估量的。我们叹服他在位半个世纪所勾勒出的大汉民族光辉形象，也永远铭记着那个令人叹为观止的汉王朝。他复杂的性格特点所铸就的辉煌人生，正在影响着我们一代又一代的中华儿女。

第三章 人民的总理——周恩来

（一） 儿时故事

我们先来讲两个周恩来总理小时候的故事。

鸡叫三遍过后，周家花园里传出了琅琅的读书声："锄禾日当午，汗滴禾下土。谁知盘中餐，粒粒皆辛苦。"读着、读着，周恩来很快就把这首诗背得滚瓜烂熟了，但他总觉得没有透彻领会诗的意境：每一粒到底有多辛苦呢？

第二天，周恩来来到蒋妈妈家玩。吃饭的时候，他望着白花花的大米饭迫不及待地问道："蒋妈妈，这大米饭是怎么来的呢？"

蒋妈妈很喜欢周恩来好问的精神，就笑着告诉他："大米是稻子舂成的。稻子浑身有一层硬硬的黄壳。它的一生要经过浸种催芽、田间育秧、移栽锄草、施肥管理、除病治虫、收割脱粒，一直到舂成大米。"

"啊，吃上这碗大米饭，可真不容易啊！"周恩来惊讶地说。

"是呀，这十多道关，也不知道要累坏多少种田人呢！这香喷喷的大米饭是种田人用血汗浇灌出来的。"蒋妈妈深有感触地说。

蒋妈妈一番深刻的教诲，不仅加深了周恩来对诗意的理解，更激励他勤奋学习。为了过好习字关，他除了认真完成老师布置的作业外，还坚持每天练一百个大字。

有一天，周恩来随陈妈妈到一个路途较远的亲戚家，回来时已是深夜了。一路上风尘劳累，年幼的恩来已精疲力尽、呵欠连天，上下眼皮直打架，但他仍要坚持练完一百个大字再休息。陈妈妈见状，心疼不过，劝道："明天再写吧！"

"不，妈妈，当天的事当天了！"周恩来说服了陈妈妈，连忙把头埋在一盆凉水里，一下子把瞌睡虫赶跑了，头脑也清醒多了。

一百个字刚写完，陈妈妈一把夺过恩来的笔说："这下子行了吧，快睡觉！"

"不！"周恩来仔细看完墨汁未干的一百个大字，皱着眉头认真地说："陈妈妈，你看这两个字写歪了。"说着，周恩来白嫩的小手又挥起笔来，把那两个字又写了三遍，直到满意为止。

从两则故事里，我们发现，周总理在小小年纪的时候就特别细心地观察生活，并且善于发问，从点滴小事里悟出人生哲理。而练书法的事，又体现出他坚持不懈做事、做事追求完美的美好品质。从他的儿时小故事里，我们可以想象他的人生注定将会是不平凡的一生、辉煌的一生。

（二）生平经历

周恩来（1898—1976），字翔宇，曾用名伍豪等，原籍浙江绍兴，生于江苏淮安。伟大的马克思列宁主义者，中国无产阶级革命家、政治家、军事家、外交家，中国共产党和中华人民共和国的主要领导人，中国人民解放军主要创建人和领导人。他是以毛泽东同志为核心的党的第一代中央领导集体的重要成员，在国际上也享有很高威望。周恩来同志的卓著功勋、崇高品德、光辉人格，深深铭记在全国各族人民心中。

接下来就来看看周总理一生中的一些重要事迹，借此机会我们还可以了解到中国社会的发展进程，和具体的发展情况。

周总理1917年在天津南开学校毕业后，赴日本求学，开始接触马克思主义，思想发生重要转折。两年后进入南开大学，在五四运动中成为天津学生界的领导人，并与运动中的其他活动分子共同组织进步团体觉悟社。后来，周恩来怀着对真理的渴望，搭乘法国波尔多斯号邮轮启程，赴欧洲勤工俭学。

在1921年，他加入中国共产党，并坚定了共产主义的信仰。

　　在国共合作期间，周恩来任广东黄埔军校政治部主任、国民革命军第一军政治部主任、第一军副党代表等职，并先后任中共广东区委员会委员长、常务委员兼军事部长，两次参加讨伐军阀陈炯明的东征，创建了行之有效的军队政治工作制度。1927年3月在北伐的国民革命军临近上海的情况下，领导上海工人第三次武装起义，赶走了驻守上海的北洋军阀部队。同年5月在中共第五次全国代表大会上当选为中央委员，在中共五届一中全会上当选为中央政治局委员。7月12日中共中央改组，他任中共中央政治局临时常务委员会委员。国共合作全面破裂后，和朱德、贺龙、叶挺、刘伯承等一起于1927年8月1日在江西南昌举行武装起义，任中共前敌委员会书记。

　　1928年在中共六届一中全会上当选为中央政治局常务委员。后任中央组织部长、中央军委书记。为保证中共中央在上海秘密工作的安全，为联系和指导各地区共产党领导的武装斗争，为发展在国民党统治区的秘密工作，起到了重要作用。在这一阶段的大部分时间内，他实际上是中共中央工作的主要主持者。

　　1931年12月，离开上海到中央革命根据地，先后任中央苏区中央局书记、中国工农红军总政治委员兼第一方面军总政治委员、中央革命军事委员会副主。

　　1933年春，和朱德一起领导和指挥红军战胜了国民党军队对中央革命根据地的第四次"围剿"，1934年10月参加长征。

　　1935年1月，在贵州遵义举行的中共中央政治局扩大会议上，支持毛泽东的正确主张，对实际确立以毛泽东为代表的新的中央的正确领导，起了关键性的作用，并继续被选为中央主要军事领导人之一。

1936 年 12 月张学良和杨虎成发动武力拘禁蒋介石的"西安事变"后，任中共全权代表与秦邦宪、叶剑英等去西安同蒋介石谈判，和张杨一起迫使蒋介石接受"停止内战、一致抗日"的主张，促使团结抗日局面的形成。

抗日战争时期，他代表中共长期在重庆及国民党控制的其他地区做统一战线工作，努力团结各方面主张抗日救国的力量，并先后领导中共中央长江局、南方局的工作。他坚持国共合作，积极团结民主党派、进步知识分子、爱国人士和国际友好人士，制止反共逆流，克服对日投降的危险。

周恩来在 1945 年的中共七届一中全会上当选为中央政治局委员、中央书记处书记，和毛泽东、朱德、刘少奇、任弼时组成了以毛泽东为首的中共中央书记处。抗日战争胜利后，为制止内战率中共代表团同国民党谈判，并领导了国民党统治区内党的工作、军事工作和统一战线工作。1946 年后，任中共中央军委副主席兼代总参谋长，协助毛泽东组织和指挥解放战争，同时指导国民党统治区的革命运动。

中华人民共和国成立后，周恩来一直任政府总理，1949—1958 年曾兼任外交部长；当选为中共第八、九、十届中央政治局常委，第八、十届中央副主席，中央军委副主席；政协全国委员会第一届副主席，第二、三、四届主席。担负着处理党和国家日常工作的繁重任务。

1949—1952年，他成功地组织领导了国民经济的恢复工作。到1952年底，全国工农业总产值均达到历史的最高水平。

1953—1957年"一五"计划期间，他领导了以156个建设项目为中心的工业建设，为中国工业化奠定了初步基础。

1954年他提出建设现代工业、农业、交通运输业和国防的四化目标，组织制定了《1956年至1967年科学发展规划》，推动了国家科技事业的迅速发展。

1961—1965年为纠正"大跃进"带来的失误，扭转经济困难局面，他和刘少奇、邓小平领导了国民经济的调整工作，使国民经济逐步得到恢复和发展。他强调建成社会主义强国，关键在于实现科学技术现代化，主张经济建设必须实事求是，从中国的实际出发，积极稳妥，综合平衡。他特别关注水利建设和国防科技事业发展，并为此做出了巨大贡献。他对社会主义时期的统一战线工作、知识分子工作、文化工作和人民军队的现代化建设也给予特殊的关注，指导这些工作取得了重要成绩。

周恩来在当时中国的与其他各国的外交中，也发挥重要的作用。他参与制定和亲自执行重大的外交决策。1950年朝鲜战争爆发，他协助毛泽东指挥中国人民志愿军作战，并担负了后勤保障的组织工作，领导了中国代表团的停战谈判。1954年率中国代表团参加日内瓦会议，经过谈判达成协议，使越南（除南方外）、老挝、柬埔寨三国的独立获得国际承认。说到日内瓦会议，不由得想和大家分享一个周总理在此期间发生过的事。这件事足以展现出他在外交事业中所表现出的随机应变能力。

在日内瓦会议期间，一个美国记者先是主动和周恩来握手，周总理出于礼节没有拒绝，但没有想到这个记者刚握完手，忽然大声说："我怎么跟中国的好战者握手呢？真不该！真不该！"然后拿出手帕不停地擦自己刚和周恩来握过的那只手，然后把手帕塞进裤兜。这时很多人在围观，看周总理如何处理。周恩来略略皱了一下眉头，他从自己的口袋里也拿出手帕，随意地在手上扫了几下，然后走到拐角处，把这个手帕扔进了痰盂。他说："这个手帕再也洗不干净了！"

尽管中美当时处于敌对状态，但周总理一贯的思想，还是把当权者和普通美国民众分开。在谈判桌上横眉冷对，那是一点情面也不讲的。但会场外，他可是统战高手，尽量做工作，力图潜移默化。他对普通美国民众一直是友好的，包括新闻记者在内。所以，在那个美国记者主动要和周总理握手时，周总理没有拒绝。但这个记者看来纯粹要使周总理难堪，否则不会自己主动握手，然后又懊悔不迭地拿手帕擦手。周总理在他擦手之前，也不会意识到他会这样做。当时大堂里人很多，就看你周恩来下不下得了台。所以周总理也拿出手帕擦手。请注意两人做法不同的是：记者擦完手后仍把手帕塞回裤兜，而周总理是擦完手后把手帕扔进了痰盂。周总理的意思是：你的手帕还能用，我的手帕因为擦了以后沾染了你的细菌，你这无耻小人的病菌，再也不可能洗干净使用了，所以我就把它扔到痰盂里去。

还有有一次周总理应邀访问苏联。在同赫鲁晓夫会晤时，批评他在全面推行修正主义政策。狡猾的赫鲁晓夫却不正面回答，而是就当时敏感的阶级出身问题对周总理进行刺激，他说："你批评得很好，但是你应该同意，出身于工人阶级的是我，而你却是出身于资产阶级。"言外之意是指总理站在资产阶级立场说话。周总理只是停了一会儿，然后平静地回答："是的，赫鲁晓夫同志，但至少我们两个人有一个共同点，那就是我们都背叛了我们各自的阶级。"

周总理不管在何种场合，遇到什么样的对手，都能唇枪舌剑，以超人的智慧，应酬自如，对手甭想占到便宜。他坦言"我们都背叛了我们各自的阶级"，出其不意地将赫鲁晓夫射出的毒箭掉转方向，朝赫本人射去。此言一出，立即在各共产党国家传为美谈。

周总理代表中国政府提出作为国与国关系准则的和平共处五项原则。1955 年在万隆会议上主张和平共处，反对殖民主义，提倡求同存异、协商一致，使中国独立自主的和平外交政策得到积极贯彻。他先后访问过亚洲、非洲、欧洲几十个国家，接待过大量来自世界各国的领导人和友好人士，为增进中国人民与世界人民的友谊，扩大中国的国际影响做出了重要贡献。

周总理为开拓外交新局面，实现中美缓和、中日关系正常化和恢复中国在联合国的席位，做出了卓越贡献。

"文化大革命"期间，他在非常困难的处境中，为尽量减少"文化大革命"所造成的损失，使党和国家还能进行许多必要的工作，勉力维持国民经济建设；为保护大批领导干部和民主人士，恢复和落实党和国家的政策，作了不懈的努力。

他同林彪、江青集团进行了各种形式的斗争，在挫败林彪、江青集团种种分裂和夺权阴谋活动中，起到了控制和稳定局势的重要作用。

"文革"期间，江苏省射阳县的一群红卫兵到北京上访，周总理接待了他们。红卫兵要求把射阳县名字改掉，理由是"射阳"二字是含沙射影，箭射红太阳。周总理听他们讲明来意后，哈哈大笑起来。

他们不理解总理为什么发笑，几只眼睛盯着总理脸上望。总理说：射阳两个字很好嘛，我看不用改了。你们这些小将看问题，为什么不从积极方面去看，而从消极方面去看呢？我说"射阳"两字很好，因为我的看法，不是箭射红太阳，而是红太阳光芒四射。

周总理深怕他们听不清楚，又重复地说了一句对射阳的解释，射阳就是红太阳光芒四射，你们说对不对？说罢，又哈哈地大笑起来。红卫兵代表也都笑了，因为他们对总理的讲话感到心服口服，表示还是叫射阳县好。

在"文革"那个特殊背景下，如果周总理从"射阳"的历史渊源和沿革去解释的话，红卫兵未必听得进去。当然也可以用行政命令来压服，但效果也不会好。周总理赋予"射阳"二字新的含义，使红卫兵心悦诚服。我们听故事的人现在也不得不击节赞叹。

1972年他被诊断出患有膀胱癌后，仍然坚持工作。在1975年的第四届全国人民代表大会第一次会议上，抱病作《政府工作报告》，代表中国共产党重新提出在中国实现工业、农业、国防和科学技术现代化的目标，鼓舞了人民战胜困难的信心。1976年1月8日在北京逝世。他的逝世受到极广泛的悼念。由于他一贯勤奋工作，严于律己，关心群众，被称为"人民的好总理"。还记得我们在小学时期学习过的那篇文章《十里长街送总理》里描述的当时人们送别周总理的感人画面。1976年4月清明节前后，在北京天安门广场，大批党员、工人、学生、干部甚至士兵和农民，为了纪念他，也为反对当时还当权的"四人帮"，举行自发的集会，被称为"天安门事件"，并发展成为全国性的反对江青反革命集团的抗议运动，为中共中央政治局在1976年10月粉碎江青反革命集团奠定了群众基础。他的主要著作收入《周恩来选集》。有兴趣的同学可以找来看看，相信你一定会有所收获。

（三）周总理的"四次痛哭"

第一次痛哭

人们所熟悉的周恩来总理，或者温文尔雅、和蔼可亲；或者威严冷峻、坚定顽强。然而，"重冰覆盖下的一座火山"还不是全部的周恩来。他的自控自制能力极强，但是他的感情也太丰富太充沛，所以仍然有不乏失去自控自制而任由情感自然流泄的时候；喜怒哀乐都有不形于色的时候，也都有自然流泄的时候。其中印象深刻、震颤心灵的有四次。

第一次是 1942 年 7 月，在重庆市红岩嘴发生一件意外的事，就是周老太爷突然中风了。周老太爷就是周恩来的父亲周助纲，工作人员都按那时的社会风俗称他周老太爷，邓颖超叫他老爷子。因为周恩来和邓颖超在重庆住的时间长，相对比较稳定，所以周恩来的父亲和邓颖超的母亲都先后来到重庆。周老太爷突然中风，那时的医疗技术不行，送医院没抢救过来，很快就死了。周老太爷去世的消息瞒了周恩来。其实，以周恩来的聪明，早已明白发生了什么事，他只是无法相信也无法接受这一悲痛的现实。"老爷子……去世了。"邓颖超终于小声地说了一句。周恩来的身体一阵悸颤，随即摇晃一下，工作人员忙扶住他左臂。他没有感觉，两眼仍然痴痴的，好像还无法接受这一现实。邓颖超继续小声说："中风，很快就不行了，三天前去世的……"

周恩来静静地站着，嘴唇微张着一直在颤栗，凝滞的眼睛里慢慢地泌出一眶泪水；可以听到他的呼吸声，并且越来越清晰，那是鼻腔和喉咙壅塞的原因，这种粗重颤动的呼吸终于变成抽泣呻吟的节奏，泪水已经盈满眼眶，泉水一样漫溢下来，淌过灰白的面颊。"呜——"一声长长的凄哀的号哭，周恩来的手捂到脸上，仿佛流泪已经无法减轻内心尖锐的痛楚，他终于松开喉咙，大放悲声，并且一屁股坐倒在地上。周恩来在墓前向父亲默哀，向父亲深深地鞠躬，鞠躬，再鞠躬。他那泪花迷离的两眼中，流出深深的忆念和哀痛……

第二次痛哭

周恩来的第二次痛哭，发生在 1946 年的 4 月 8 日。王若飞、博古回延安向中共中央汇报国共谈判和政治协商会议后的情况。叶挺将军是在政治协商会议后刚被营救出狱的。本来周恩来劝他多休息几天，另乘飞机走，但他去延安的心情迫切，坚持搭这趟飞机走，并且带上了他的女儿小扬眉。邓发是出席巴黎世界职工代表大会后归国的。周恩来接到飞机失事的电报时，两道浓眉毛猛地抽缩聚拢，仿佛一阵锥心的痛楚窒住了他的呼吸，脸色在刹那间变得煞白。他的目光在秘书脸孔上停滞一瞬，明知不妙又不得不转向电报纸时，显得犹疑而艰难。周恩来的目光刚触及电文，便颤栗了一下，那些铅字就像冰雹雪粒一样携着寒冷一直透入他的心房；他的手开始抖动，嘴角哆嗦着，目光越来越黯淡，越来越朦胧，渐渐地，眼角开始闪烁。他突然把头仰起来，眼皮微合。眼角那颗闪烁的泪珠越凝越大，仿佛是从心头一点一点绞出来的，终于扑簌簌地滚落下来。他张开了嘴，以便让阻塞的喉咙畅通一些，但眼角又开始闪烁，痛楚在他的心头一点一点绞紧，绞出来那颗晶莹的泪珠，然后又簌簌地滚落下来……

无法承受莫大的痛楚，周恩来终于哭出了声。那是一种不忘领导责任又无法完全压抑住的沉重的抽泣声，他不停地将食指弯曲着拭抹颊上的泪水。

第三次痛哭

周恩来的第三次痛哭，发生在 1946 年 10 月 28 日。他的这一次痛哭，有个过程，是国共谈判以来长期压抑的愤怒、痛苦、悲伤的总爆发；是在付出巨大心血和牺牲之后，谈判终于破裂时爆发出来的。

周恩来本是个笑口常开的人物，并且笑起来很有感染力。

他开怀大笑时，常常是双手抱臂，把头向后仰去，笑声响亮，热情洋溢。建国后这种时候很多，留下的"镜头"也多。但是在1945年到1947年，他一次也没有这样笑，反而多次见到他悲痛落泪。

1946年10月28日，民盟秘书长梁漱溟提出一个对中国共产党极为不利的停火方案，没和中国共产党商量，也未打招呼，先把方案分送了国民党政府的行政院长孙科和美国驻华特使马歇尔。之后，梁漱溟才到梅园新村来向周恩来解释这个方案。

周恩来拿到方案，听说方案已经送给了孙科和马歇尔，脸色就开始有变。因为前不久，他刚同民主党派的负责人一道订有"君子协议"，记得当时谈得热烈真诚，一致同意在采取重大行动时，要事先打招呼，相互关照，共同协商，共同行动，一致对付国民党。现在，梁漱溟的行动显然违背了这个君子协议。

周恩来看着方案，勉强听梁漱溟解释了几句。当梁漱溟讲到"就现地一律停战"时，周恩来忽然把手一摆，双眉深锁地望住梁漱溟："你不用再往下讲了，我的心都碎了。"他把头向梁漱溟伸过去，失望、痛苦的神情一泄而出："怎么国民党压迫我们不算，你们第三方面也一同压迫我们？"

梁漱溟赶紧解释："恩来兄，现在的形势，我们也不能不考虑国民党的态度，目的是为了和平……"

"做人要讲信义，你们不守信用！"周恩来难过地摇头，"我们有君子协议，我们有协商好了的意见，你们单方面不打招呼就这么做了。你们跟蒋介石打招呼，不跟我们打招呼。抗战以来，我们一直团结得很好，交了朋友。现在我们困难，你们不是尽力帮忙，反而……"周恩来越说越激动，胸脯开始起伏。他突然憋住声，忍了几秒钟，蓦地迸出一声："你们不够朋友！"

周恩来就是讲到"你们不够朋友"时哭的。这一次的哭来得急促突然，没有"眼圈一红"和"泪溢眼堤"的过程，随着"不够朋友"的话音，泪水一下子就迸溅出来，那是长期压抑的愤怒、痛苦、悲伤在这对朋友的失望中猛地喷发了。这种喷发确实惊人而激烈，不但声泪俱下，而且带着感情受到极大伤害的愤激的指责：

"本是多年的朋友，关键时刻做出对不起我们的事。你们这是出卖朋友，不讲信义！"周恩来作着激烈的手势，苍白的脸孔在愤激中胀成通红，眼里有泪水涌流，更有灼人的火星迸出："你不用辩解。我们早有君子协议，事前商量，一致行动，共同对付国民党。现在你们是怎么做的？哪一条够我们的君子协议？你们对得起共产党吗？对得起李公朴、闻一多、陶行知诸烈士吗？"

说到李公朴、闻一多、陶行知，周恩来哭得更悲愤。梁漱溟不由得低下头，赧颜地闷声不响，心灵受到极大震颤。因为周恩来与民主人士交往，历来是温文尔雅，和蔼可亲的。像这样激烈地发泄情绪确实是绝无仅有。

第四次痛哭

周恩来的第四次痛哭，是发生在社会主义建设时期。

记得在一次国务院召开的全体会议上，民政部汇报全国各地的灾情。总理以往听汇报，喜欢询问、纠正、指导。这次他几乎没有插话，微微低着头，静静地听，间或胸脯起伏几下，又竭力控制住。

他的神情肃穆沉重，眉头蹙紧，仿佛笼罩在蚀骨的哀伤之中。从我们这个位置望去，可以看到他悲伤地低垂着的额和耷下眼皮的两眼，嘴角抿紧，向里抽回。我们了解总理，他的一切形神都在表明他正进行严厉的自责和反省……

民政部的人从四川讲到云南，讲到一些山区穷苦极了，一家人只有一条裤子，谁出门谁穿。

这时，总理睫毛抖得厉害，两道泪水从眼角顺着苍白的脸颊悄无声息地淌下来，附在脸上默默地闪烁。他稍稍抬起一些头来，泪花迷离，望着会场，喉结使大劲抽动一下，沙哑地说出一声："看，我这个总理没当好啊……"便哽住了。附在脸上的泪痕尚未干涸，又盈上了更多的泪水，终于有泪珠掉在了胸襟上。

会场静极了，静极了，静得能听到总理泪珠掉在胸襟上的卜卜声。于是，会场响起来一阵隐约的嘘嘘，在场的政府官员都哭了。

　　毕竟，他们都是人民的儿子。那时的干部极少有人以权谋私的，不敢不会甚至想也想不到。他们是一批有理想而热衷于献身的人，然而，现实却残酷地让他们流下了泪。

（四）　对周总理的评价

　　周恩来是中国共产党与中共武装力量的创立者之一，是中共历史上最重要的领导者之一，是中华人民共和国的开国元勋。他对中国近现代历史有极其重要的影响。周恩来被广泛认为是一位务实主义者，具有卓越的行政管理才能和卓越的外交手腕。

　　中国共产党在第十一届六中全会通过的《关于建国以来党的若干历史问题的决议》对周恩来的政治活动做出官方评价"……周恩来同志对党和人民无限忠诚，鞠躬尽瘁。他在'文化大革命'中处于非常困难的地位。他顾全大局，任劳任怨，为继续进行党和国家的正常工作，为尽量减少'文化大革命'所造成的损失，为保护大批的党内外干部，作了坚持不懈的努力，费尽了心血。他同林彪、江青反革命集团的破坏进行了各种形式的斗争。他的逝世引起了全党和全国各族人民的无限悲痛……"这是对周总理的官方评价。

在周总理从事外交工作的期间，也结识了许多外国友人。他们对周总理的评价也是相当高的：

1. 联合国前秘书长哈马啥尔德于 1955 年在北京会见过周总理后说过一句广为流传的话："与周恩来相比，我们简直就是野蛮人。"

2. 美国前总统尼克松亲自为周总理脱大衣，时间：1972 年 2 月 22 日上午，地点：北京钓鱼台国宾馆。

3. 美国前总统尼克松说："中国如果没有毛泽东就可能不会燃起革命之火；如果没有周恩来，就会烧成灰烬。"

4. 印度尼西亚前总统苏加诺说："毛主席真幸运，有周恩来这样一位总理，我要是有周恩来这样一位总理就好了。"

5. 建国前，斯大林和米高扬也说过："你们在筹建政府方面不会有麻烦，因为你们有现成的一位总理，周恩来。你们到哪里去找这样好的总理呢？"

6. 苏联前总理柯西金对毛主席说："像周恩来这样的同志是无法战胜的，他是全世界最大的政治家。"末了，他又补了一句："前天美国报纸上登的。"

7. 苏联总理柯西金在会见日本创价协会会长池田大作时说："请你转告周总理，周总理是绝顶聪明的人，只要他在世一天，我们是不会进攻的，也是不可能进攻的。"

8. 苏联前外交部长莫洛托夫对西方记者说："你们认为我是难以对付的话，那你们就等着与周恩来打交道吧。"

9. 印度印中友协会长说："世界上的领导人，能多一些像周总理的，世界和平就有希望了。"

10. 肯尼迪夫人杰奎琳说："全世界我只崇拜一个人，那就是周恩来。"西哈努克夫人莫尼克公主也说过："周恩来是我唯一的偶像！"

第四章　美国国父——华盛顿

（一）华盛顿简介

乔治·华盛顿小时候住在弗吉尼亚的一个农场上。他的父亲教他骑马，经常带着年青的乔治到农场上干活，以便儿子长大后能学会种田、放牛养马这些基本的生存技能。

华盛顿有一个美丽的果园，里面种着苹果树、桃树、梨树、李子树与樱桃树。有一次，华盛顿和父亲从大洋对岸买了一棵品种上佳的樱桃树。他非常喜爱这棵樱桃树，把树种在果园边上，并告诉农场上的所有人要对它严加看护，不能让任何人碰它。

这棵樱桃树的长势很好。春天来了，树上开满了白花，散发出阵阵芬芳，许多蜜蜂都围着它辛勤地忙碌着。想到用不了多长时间就可以吃到樱桃树结的果子，华盛顿看着心爱的樱桃树长得这般繁茂，心里非常高兴。

大约就在此时，有人送给小华盛顿一把明亮的斧子。他非常喜欢这把斧子。他拿着它砍树枝，砍篱笆，可以说是见什么砍什么。一天，他一边想着自己的斧子有多么锋利，一边来到果园旁边儿，举起斧子砍向那棵樱桃树。由于树皮很软，乔治没费多大力气就把树砍倒了。接着他又去别的地方玩了。

那天傍晚，华盛顿忙完农事，把马牵回马棚，然后来果园看他的樱桃树。没想到，自己心爱的树被砍倒在地，他站在那里惊呆了，几乎不敢相信自己的眼睛。是谁胆敢这样做？他问了所有人，但谁都说不知道。

就在这时，乔治恰巧从旁边经过。"乔治，"父亲用生气的口吻高声喊道，"你知道是谁把我的樱桃树砍死了吗？"

这个问题可把乔治给难住了，看到父亲如此愤怒，他意识到自己的一时冲动闯下了祸。他哼哼叽叽了一会儿，但很快恢复了神志。"我不能说谎，爸爸，"他说，"是我用斧子砍的。"华盛顿看了看乔治。那孩子脸色煞白，但直视着父亲的眼睛。

"回家去，儿子。"华盛顿严厉地说道。

乔治走进书房，等父亲。他心里很难过，同时也感到非常惭愧。他知道自己实在是太轻率了，干了件傻事，也难怪父亲不高兴。

一会儿之后，华盛顿先生走进书房。"到这里来，孩子。"他说道。

乔治听话地走到父亲身边。华盛顿先生静静地看了他很长时间："告诉我，儿子，你为什么要砍那棵树？"

"当时我正在玩，没想到……无意之间……竟然砍了樱桃树。"乔治结结巴巴地说道。

"现在树就要死了，我们永远也不会吃到樱桃了。但比这更糟的是，我嘱咐你要看护好这棵树，你却没有做到。"

乔治羞愧难当，脸一红，低下头，眼泪就快要落下了，哽咽着说："对不起，爸爸。"

华盛顿把手放在孩子肩头。"看着我，"他说道，"失去了一棵树，我当然很难过，但我同时也很高兴，因为你鼓足勇气向我说了实话。我宁愿用一个种满枝叶繁茂樱桃树的果园去换一个勇敢诚实的孩子。一定要记住这一点，儿子。"

乔治·华盛顿从未忘记这一点。他一直像小时候那样勇于承担、诚实善良，受人尊敬，直至生命结束。

这就是关于华盛顿从小时候就明白诚实做人的故事。在生活中，大人们都会时常犯错，那像我们这些未成年的孩子又何尝不是经常会犯一些小错误呢？犯了错误并不可怕，犯了错误之后不能改正才是最可怕的。当发现自己做错些什么事情的时候，一定要勇于承担，勇敢地站出来承认自己的错误所在。诚实，是我们人生信条里面最不能缺失的一条。诚实守信，是中华民族的传统美德，也是人类在文明进步过程中共同推崇的一种为人处世的准则。从哲人的"人而无信，不知其可也"，诗人的"三杯吐然诺，五岳倒为轻"，到民间的"一言既出，驷马难追"，都极言诚信的重要。

（二）华盛顿的生平经历

小时候，他是一个"孩子王"，常冒出一些新奇的"鬼主意"。在和小伙伴们创建的"军团"里，他就是那威武的小司令官。长大后，他曾经深入险地，与印第安人巧妙周旋；战场上，他曾被子弹击中，却不可思议地幸免于难。英勇善战的他还被推选为大陆军总司令，并与其他人一起建立了美国。他就是乔治·华盛顿，美国第一任总统，美国民众心中的骄傲。

乔治·华盛顿被尊称为美国国父。1793年连任。在两届任期结束后，他自愿放弃权力不再续任，隐退于弗农山庄园。华盛顿学者们则将他和亚伯拉罕·林肯并列为美国历史上最伟大的总统。现在，就让我们一起去追随这位伟人的足迹，缅怀他光辉灿烂的一生！

华盛顿出生于1732年2月22日。在他出生时，英格兰的新年开始于3月25日（天主报喜节），也因此会有不同的生日出现。他的出生地点是威斯特摩兰县的一个大农场。华盛顿的家族名称出自距离英格兰东北不远的泰恩－威尔郡的华盛顿村。

华盛顿是他父亲第二次婚姻里最年长的孩子。他有两个较年长的同父异母的哥哥：劳伦斯和奥古斯汀，和其他四名较年幼的兄弟姊妹：贝蒂、萨母耳、约翰·奥古斯汀和查理斯。华盛顿的父母是奥古斯汀·华盛顿（1693 年—1743 年 4 月 12 日）和玛丽·鲍尔·华盛顿（1708 年—1789 年 4 月 25 日），都是英国人后裔。

华盛顿从 7 岁到 15 岁不规则地上过学，最初在本地教堂司事那里上学，后来在名叫威廉斯的老师那里上学。他的一些作业本至今仍保留着。他在实用数学，包括计量、几种测量的方法和对测量有用的三角方面十分精通。他学习几何，还学习一点拉丁文。同时在那个时期，华盛顿还阅读一些英国名著。可见华盛顿从小聪颖好学，兴趣广泛。其实这一点是很值得我们去学习的。我们除了在学校的学习以外，课余生活也是很重要的。应该时常考虑清楚自己的兴趣爱好方向，然后进行全面性的培养。

华盛顿的哥哥奥古斯汀曾担任由英国上将所指挥的步兵团的军官，参加了詹金斯的耳朵战争。之后华盛顿父亲的去世让整个的家族陷入了经济困难，因此华盛顿无法像两名年长的哥哥一样前往英格兰受教育，他也只得放弃了原本由劳伦斯所安排，成为英国皇家海军见习军官的机会。于是华盛顿一生都没有前往欧洲的机会。

华盛顿接着在成了亚历山德里亚的消防队员。在 1774 年，由于他和一家消防器具公司的友好关系，他自费购买了一具当时非常先进的消防器材，捐赠给市镇使用，这具器材今天仍可以在亚历山大市的博物馆看见。

在华盛顿22岁的时候，华盛顿无意间成为了法国印地安人战争的导火线之一。

这场殖民地所参加的第一场战争起源于1753年。法国人开始在当时属于维吉尼亚州领土的俄亥俄谷地建立许多堡垒，这是法国人的战略之一。法国人得到当地原住民的支持，试图阻止英国人继续向西扩张他们在美州的殖民地，并阻挡殖民地内的英国军队。

维吉尼亚州的总督是罗伯特·丁威迪，当时担任少校的华盛顿替他向法国指挥官递交了最后通牒书，要求法国人离开。华盛顿将过程透露给当地的报纸，而他也因此成为传奇人物。

但法国人拒绝撤离，因此在1754年，丁威迪派遣了刚升迁中校的华盛顿率领维吉尼亚第一军团，前往俄亥俄谷地攻击法国人。华盛顿率领军队伏击了一队由法裔加拿大人组成的侦查队，在短暂的战斗后，华盛顿的印地安人盟友 Tanacharison 族人杀害了法国指挥官 Ensign Jumonville，接着华盛顿在那里建立了一座名为 Fort Necessity 的堡垒，但在数量更多的法军和其他印地安人部队进攻下，这座堡垒很快便被攻陷，他也被迫投降。投降时华盛顿签下一份承认他"刺杀"了法军指挥官 Jumonville 的文书（因为这份文书用法文写成，华盛顿根本看不懂），而这份文书导致了国际间的事变，成为法国印地安人战争的起因之一。这场战争也是七年战争的一部分。

华盛顿稍后被法国人假释，在同意一年之内不返回俄亥俄谷地后被释放。

华盛顿一直渴望加入英国军队，当时殖民地的居民都对此不感兴趣。他在 1755 年终于等到机会，当时英军发动远征，试着重新夺回俄亥俄谷地。远征行动在莫农加希拉河战役（Battle of the Monongahela）中遭受灾难性结果。相当不可思议的，华盛顿的外衣被四发子弹击穿，但他仍毫发无伤，同时他冷静的在炮火中组织军队撤退。在维吉尼亚州，华盛顿成了英雄人物，虽然战争的重心已经转移到别处，他继续领导了维吉尼亚第一军团好几年。在 1758 年，他随着约翰·福布斯将军展开另一次远征，成功地将法军驱离了 Duquesne 堡垒。

华盛顿最初军事生涯的目标是希望成为正规的英军军官—而不仅是殖民地民兵的军官，但他一直未获升迁。因此，他在 1759 年辞去了军职，并与马莎·丹德里奇·卡斯蒂斯结婚。她是一名已经育有两个小孩的富有寡妇。华盛顿和她一起扶养这两个小孩：约翰·帕克·卡斯蒂斯和马莎·帕克·卡斯蒂斯，稍后他还扶养了她的两名孙子孙女，但华盛顿从没有自己血亲的小孩。新婚后他们搬到弗农山居住，过着绅士阶级农夫和蓄奴主的生活，他并当选了维吉尼亚当地的下议院议员。

1774 年，华盛顿被选为维吉尼亚州的代表前往参加第一届大陆会议。由于波士顿倾茶事件，英国政府关闭了波士顿港，而且废除了麻萨诸塞州的立法和司法权力。殖民地在 1775 年 4

月于列克星顿和康科特与英军开战后，华盛顿穿着军服出席第二届大陆会议——他是唯一一个这么做的代表，表示了他希望带领维吉尼亚民兵参战的意愿。

华盛顿在 1775 年 6 月 15 日经由大会选举无异议支持成为总指挥官，虽然很舍不得离开心爱的维吉尼亚家园，华盛顿接受了指挥官职位，并宣称"我不认为我能胜任这个指挥官的光荣职位，但我会以最大的诚意接受职位"。华盛顿并宣称除了必要的开支外，不须付给他任何额外报酬。就这样，华盛顿于 7 月 3 日在麻萨诸塞州的剑桥担任了全殖民地军队的总指挥官。

华盛顿在 1776 年进攻波士顿，利用稍早在提康德罗加堡垒所夺取的火炮阵地，得以俯瞰整个波士顿港，最后将英军逐出了波士顿。英军指挥官威廉·何奥下令英军撤回加拿大的哈利法克斯。华盛顿接着率领军队前往纽约市，预期英军将发动攻势。拥有压倒性军力的英军于 8 月展开了攻势，而华盛顿所率领的撤退行动却相当笨拙，几乎全军覆没。他也在 8 月 22 日输掉了长岛战役，不过得以撤退大多数的军队回到大陆。在接下来又输掉了几次战役，使得军队仓卒混乱的撤离了新泽西州，此时美国革命的未来岌岌可危。

在 1776 年 12 月 25 日的晚上，华盛顿杰出的指挥重整旗鼓。在这场特伦顿战役中，他领导美军跨越特拉华河，突袭黑森雇佣军的兵营。并接着在 1777 年 1 月 2 日的晚上向查理斯·康沃利斯率领的英军发动突袭，这次奇袭振奋了支持独立的殖民地阵营士气。

　　在 1777 年夏天，英军发动了三路并进的攻势，一路由约翰·伯戈因率领从加拿大向南进攻，一路由威廉·何奥率领攻击当时殖民地的首都费城。而华盛顿撤往南方，却在 9 月 11 日的布兰迪万河战役中遭受惨败。为了击退英军而发动的日耳曼敦战役则因为浓雾和军队的混乱而告失败。华盛顿和他的军队只得撤回环境恶劣的佛吉谷艰难地渡过冬天。

　　在 1777 年至 1778 年的冬天，华盛顿依然坚定着指挥军队，并持续向后方的殖民地大会要求更多补给，使大陆军能克服寒冷的冬天，逐渐恢复士气。2 月时一名曾服役于普鲁士军参谋部的军官弗里德里希·冯·施托伊本前来佛吉谷，自愿帮忙训练华盛顿军队。在佛吉谷的训练告一段落时，华盛顿的军队已经焕然一新了。

　　华盛顿接着率领军于 1778 年 6 月 28 日的蒙茅斯战役中攻击从费城前往纽约的英军，与英军打成平手；英军分裂殖民地政府的企图终于失败了。由于这场战役的胜利，加上一年前于萨拉托加战役中击败了伯戈因率领的入侵英军，情势逐渐好转，英军显然无法攻克整个新国家，因此法国决定正式与美国结盟。

　　在 1778 年后英军最后一次的试着分离殖民地。这次英军集中于南方地区。华盛顿的军队并没有直接攻击他们，而是前往位于纽约的西点军事基地。在 1779 年华盛顿命令 1/5 的大陆军展开沙利文远征，对那些与英军结了盟且常攻击美军前线堡垒的易洛魁联盟的 6 个部落的其中 4 个发动攻势。并没有战斗发生，不过至少摧毁了 40 个易洛魁村庄，使这些印地安人被迫永远离开美国，迁徙至加拿大。

1781 年，美军以及法国陆军和海军一同包围了康沃利斯在约克敦的军队。华盛顿迅速前往南方，于 10 月 17 日接掌指挥美军和法军，继续围城战斗直到 10 月 17 日康沃利斯投降。10 月 19 日，他接过了康沃利斯的投降宝剑。尽管英军仍在纽约市和其他地点活动直到 1783 年，这场战役成了独立战争最后一场主要的战斗。

接着在 1783 年，随着巴黎条约（1783 年）的签署，英国承认了美国的独立。华盛顿解散了他的军队，并在新泽西州的洛基山向追随了他多年出租车兵们发表了精采的告别演说。几天后，英国人从纽约市撤退，华盛顿和殖民地政府重回城市，他于 12 月 4 日在纽约市发表了正式的告别演说。

1783 年 12 月 23 日，华盛顿向邦联议会辞去了他在军队里总司令的职务，邦联议会稍后并在马里兰州安那波利斯的议院召开了会议。这对于新生国家而言是相当重要的过程，建立了由平民选出的官员—而不是由军人来组织政府的先例，避免了军国主义政权的出现。华盛顿坚信唯有人民拥有对国家的主权，没有人可以在美国借着军事力量、或只因为他出生贵族而夺取政权。

华盛顿接着返回弗农山的庄园，就在 1783 年圣诞节前夕那天的傍晚抵达家门。自从 1775 年因战争离开心爱的家园后，他都没有机会返家过。在门口欢迎他的是他之前曾向其许诺过会在 8 年内返家的妻子，以及 4 个已经能够走路的孙子孙女，全都在他离家的这段时间出生。战争也带走了他所扶养的继子约翰的性命，于 1781 年在约克镇的一次行军里发烧过世。

当华盛顿离开军队时，他在大陆军团里的最终头衔是"将军和总司令"。

1787 年，华盛顿主持了在费城举行的制宪会议。他并没有参与讨论，但他的威望维持了会议的领导能力，并让代表团能专注于讨论上。在会议后他的威望使得包括维吉尼亚州议会在内的许多人相信这个会议的成果，而支持美国宪法。

华盛顿的庄园广达 32 平方千米，如同当时其他许多农场主一样，尽管拥有大量土地，华盛顿手上的现金都不多，常常四处借贷。在后来他成为总统时，他甚至得借款美 600 元以搬家到纽约以接掌政务。

1789 年，经过选举团投票获得了全部的选举人票无异议地当选总统，他是历史上唯一一个无异议投票当选的总统。尽管华盛顿相当不情愿，他还是被推选为第二任总统。不过华盛顿坚持拒绝了担任第三任总统，因此写下美国总统决不超过两届任期的不成文惯例。这个惯例一直到 1940 年才被罗斯福所打破，但在罗斯福死后这个惯例正式的被写进宪法第 22 号修正案里面。

　　自从 1797 年 3 月退休后，华盛顿带着轻松的心情回到弗农山。他在那里建立了蒸馏室，并成为了或许是当时最大的威士忌蒸馏酒制造业者，到了 1798 年便生产了 11 000 加仑的威士忌，获得美 7500 元的利润。

　　在那一年里，由于战争逼近，为了警告法国，华盛顿被新总统约翰·亚当斯任命为美国陆军的中将（在当时这是最高的军阶了）。

　　这只是象征性的任命，华盛顿并没有真的服役。

　　接下来一年里，华盛顿染上了感冒，引起严重的发烧和喉咙痛，并恶化为喉头炎和肺炎，并在 1799 年 12 月 14 日去世。遗体埋在于弗农山当地。

　　华盛顿为未来的美国树立了许多的先例，他选择和平的让出总统职位给约翰·亚当斯，这个总统不超过 2 任的先例被看作是华盛顿对美国最重要的影响。

　　他被许多人视为美国的创立者中最重要的一位。他也在全世界成为一个典型的仁慈建国者。美国人谈到他时总是称他为美国的国父。

　　他在麦克·H·哈特所评述的影响世界历史 100 位名人中排名 26 名，并被多数学者们视为美国历史上最重要的一位总统。

　　尽管华盛顿去世时获得了当时最高的军阶——三星的陆军中将，随着时光流逝，从格兰特开始越来越多将军获得了和他一样以及更高（四星以及五星）的位阶，潘兴甚至获得了六星的特级上将军衔（虽然他实际上从没佩戴超过五星），这看起来就像华盛顿功绩不如他们一般。

直到 1976 年国会通过法案，追封华盛顿为六星上将相当于苏联等国的大元帅军衔，并正式宣布此为是美国最高军衔，超过以往和未来的所有元帅和将军。

（三）有关乔治·华盛顿的纪念物

1. 华盛顿的脸庞和肖像通常被作为美国的国际象征标志之一，并也成为旗帜和国玺的图像。或许最普遍的就是 1 美元的钞票和 25 美分硬币上他的肖像了，在 1 美元钞票上所用的华盛顿肖像是由吉伯特·斯图尔特所画的，这幅肖像同时也是早期美国艺术的重要作品。

2. 华盛顿和西奥多·罗斯福、托马斯·杰斐逊、亚伯拉罕·林肯等四位总统一起被卡尔文·柯立芝所选上，他们的脸庞被刻在拉什莫尔山的巨大石壁上，成为美国最知名的雕像群之一。

3. 美国的首都华盛顿哥伦比亚特区则以华盛顿为名。华盛顿对于联邦政府哥伦比亚特区的建立有着极大关联，是他，挑选了白宫的位置。因此后来建立了华盛顿纪念碑以纪念他；纪念碑也成了华盛顿特区最着名而显目的地标之一。华盛顿在遗嘱中捐赠了一部分资金，以在当地建立一所大学。这所大学后来便被命名为乔治·华盛顿大学。

4. 紧邻太平洋的华盛顿州也成为美国唯一一个以总统名字命名的州。

5. 美国海军历年来的军舰也有三艘陆续以华盛顿为名。目前仍在服役的是一艘尼米兹级航空母舰——华盛顿号航空母舰。

6. 连接新泽西州和纽约市的桥梁也被命名为乔治·华盛顿桥。

7. 一种棕榈科属的树木学名也被取名为华盛顿葵。

第五章　经典力学的创建者——牛顿

（一）生平经历

艾萨克·牛顿爵士（1642 年 12 月 25 日—1727 年 3 月 20 日），物理学家、数学家、科学家和哲学家，同时是英国当时炼金术热衷者。他在 1687 年 7 月 5 日发表的《自然哲学的数学原理》里提出的万有引力定律以及他的牛顿运动定律是经典力学的基石。牛顿还和莱布尼茨各自独立地发明了微积分。他总共留下了 50 多万字的炼金术手稿和 100 多万字的神学手稿。

牛顿被誉为人类历史上最伟大的科学家之一。他的万有引力定律在人类历史上第一次把天上的运动和地上的运动统一起来，为日心说提供了有力的理论支持，使得自然科学的研究最终挣脱了宗教的枷锁。

这就是人类历史上最伟大的科学家牛顿，他用一生实践了他的诺言："我愿以自然哲学的研究来证明上帝的存在，以便更好地侍奉上帝。——牛顿"。

按照现代的历法，1643 年 1 月 4 日，艾萨克·牛顿出生于英格兰林肯郡乡下的一个小村落伍尔索普村的伍尔索普庄园。在牛顿出生之时，英格兰并没有采用教皇的最新历法，因此他的生日被记载为 1642 年的圣诞节。牛顿出生前三个月，他同样名为艾萨克的父亲才刚去世。由于早产的缘故，新生的牛顿十分瘦小；据传闻，他的母亲汉娜·艾斯库曾说过，牛顿刚出生时小得可以把他装进一夸脱的马克杯中。当牛顿 3 岁时，他的母亲改嫁并住进了新丈夫巴纳巴斯·史密斯牧师的家，而把牛顿托付给了他的外祖母玛杰里·艾斯库。年幼的牛顿不喜欢他的继父，并因母亲嫁给他的事而对母亲持有一些敌意，牛顿甚至曾经"威胁我那姓史密斯的父母亲，要把他们连同房子一齐烧掉……"

大约从 5 岁开始，牛顿被送到公立学校读书。少年时的牛顿并不是神童，他资质平常、成绩一般，但他喜欢读书，喜欢看一些介绍各种简单机械模型制作方法的读物，并从中受到启发，自己动手制作些奇奇怪怪的小玩意，如风车、木钟、折叠式提灯等等。

传说小牛顿把风车的机械原理摸透后，自己制造了一架磨坊的模型，他将老鼠绑在一架有轮子的踏车上，然后在轮子的前面放上一粒玉米，刚好那地方是老鼠可望不可及的位置。老鼠想吃玉米，就不断地跑动，于是轮子不停地转动；有一次，他放风筝时，在绳子上悬挂着小灯，夜间村人看去惊疑是彗星出现；他还制造了一个小水钟。每天早晨，小水钟会自动滴水到他的脸上，催他起床。他还喜欢绘画、雕刻，尤其喜欢刻日晷，家里墙角、窗台上到处安放着他刻画的日晷，用以验看日影的移动。

牛顿12岁时进了离家不远的格兰瑟姆中学。牛顿的母亲原希望他成为一个农民，但牛顿本人却无意于此，而酷爱读书。随着年岁的增大，牛顿越发爱好读书，喜欢沉思，做科学小实验。他在格兰瑟姆中学读书时，曾经寄宿在一位药剂师家里，使他受到了化学试验的熏陶。牛顿在中学时代学习成绩并不出众，只是爱好读书，对自然现象有好奇心，例如颜色、日影四季的移动，尤其是几何学、哥白尼的日心说等等。他还分门别类的记读书笔记，又喜欢别出心裁的作些小工具、小技巧、小发明、小实验。

当时英国社会渗透基督教新思想，牛顿家里有两位都以神父为职业的亲戚，这可能影响牛顿晚年的宗教生活。从这些平凡的环境和活动中，还看不出幼年的牛顿是个才能出众异于常人的儿童。

后来迫于生活，母亲让牛顿停学在家务农，赡养家庭。但牛顿--有机会便埋首书卷，以至经常忘了干活。每次，母亲叫他同佣人一道上市场，熟悉做交易的生意经时，他便恳求佣人一个人上街，自己则躲在树丛后看书。有一次，牛顿的舅父起了疑心，就跟踪牛顿上市镇去，发现他的外甥伸着腿，躺在草地上，正在聚精会神地钻研一个数学问题。牛顿的好学精神感动了舅父，于是舅父劝服了母亲让牛顿复学，并鼓励牛顿上大学读书。牛顿又重新回到了学校，如饥似渴地汲取着书本上的营养。

据《大数学家》E·T·贝尔和《数学史介绍》H·伊夫斯两书记载："牛顿在乡村学校开始学校教育的生活，后来被送到了格兰瑟姆的国王中学，并成为了该校最出色的学生。在国王中学时，他寄宿在当地的药剂师威廉·克拉克家中，并在19岁前往牛津大学求学前，与药剂师的继女安妮·斯托勒订婚。之后因为牛顿专注于他的研究而致使爱情冷却，斯托勒小姐嫁给了别人。据说牛顿对这次的恋情保有一段美好的回忆，但此后便再也没有其他的罗曼史，牛顿也终生未娶。"

不过，据和牛顿同时代的友人威廉·斯蒂克利所著的《艾萨克·牛顿爵士生平回忆录》一书的描述，斯蒂克利在牛顿死后曾访问过文森特夫人，也就是当年牛顿的恋人斯托勒小姐。文森特夫人的名字叫作凯瑟琳，而不是安妮，安妮是她的妹妹，而且夫人仅表示牛顿当年寄宿时对她只不过是"怀有情愫"的程度而已。

从12岁左右到17岁，牛顿都在国王中学学习。如今，在该校图书馆的窗台上还可以看见他当年的签名。他曾从学校退学，并在1659年10月回到埃尔斯索普村，因为他再度守寡的母亲想让牛顿当一名农夫。牛顿虽然顺从了母亲的意思，但据牛顿的同侪后来的叙述，耕作工作让牛顿相当不快乐。所幸国王中学的校长亨利·斯托克斯说服了牛顿的母亲，牛顿又被送回了学校以完成他的学业。他在 18 岁时完成了中学的学业，并得到了一份完美的毕业报告。

1661 年 6 月，他进入了剑桥大学的三一学院。在那时，该学院的教学基于亚里士多德的学说，但牛顿更喜欢阅读一些笛卡尔等现代哲学家以及伽利略、哥白尼和开普勒等天文学家更先进的思想。1665 年，他发现了广义二项式定理，并开始发展一套新的数学理论，也就是后来为世人所熟知的微积分学。在 1665 年，牛顿获得了学位，而大学为了预防伦敦大瘟疫而关闭了。在此后两年里，牛顿在家中继续研究微积分学、光学和万有引力定律。

大多数现代历史学家都相信，牛顿与莱布尼茨独立发展出了微积分学，并为之创造了各自独特的符号。根据牛顿周围的人所述，牛顿要比莱布尼茨早几年得出他的方法，但在 1693 年以前他几乎没有发表任何内容，并直至 1704 年他才给出了其完整的叙述。其间，莱布尼茨已在 1684 年发表了他的方法的完整叙述。此外，莱布尼茨的符号和"微分法"被欧洲大陆全面地采用，在大约 1820 年以后，英国也采用了该方法。莱布尼茨的笔记本记录了他的思想从初期到成熟的发展过程，而在牛顿已知的记录中只发现了他最终的结果。牛顿声称他一直不愿公布他的微积分学，是因为他怕被人们嘲笑。牛顿与瑞士数学家尼古拉·法蒂奥·丢勒的联系十分密切，后者一开始便被牛顿的引力定律所吸引。1691 年，丢勒打算编写一个新版本的牛顿《自然哲学的数学原理》，但从未完成它。一些研究牛顿的传记作者认为他们之间的关系可能存在爱情的成分。不过，在 1694 年这两个人之间的关系冷却了下来。在那个时候，丢勒还与莱布尼茨交换了几封信件。

在 1699 年初，皇家学会（牛顿也是其中的一员）的其他成员们指控莱布尼茨剽窃了牛顿的成果，争论在 1711 年全面爆发。牛顿所在的英国皇家学会宣布，一项调查表明牛顿才是真正的发现者，而莱布尼茨被斥为骗子。但在后来，发现该调查评论莱布尼茨的结语是由牛顿本人书写，因此该调查遭到了质疑。这导致了激烈的牛顿与莱布尼茨的微积分学论战，并破坏了牛顿与莱布尼茨的生活，直到后者在 1716 年逝世。这场争论在英国和欧洲大陆的数学家间划出了一道鸿沟，并可能阻碍了英国数学至少一个世纪的发展。

牛顿的一项被广泛认可的成就是广义二项式定理，它适用于任何幂。他发现了牛顿恒等式、牛顿法，分类了立方面曲线（两变量的三次多项式），为有限差理论作出了重大贡献，并首次使用了分式指数和坐标几何学得到丢番图方程的解。他用对数趋近了调和级数的部分和（这是欧拉求和公式的一个先驱），并首次有把握地使用幂级数和反转幂级数。他还发现了 π 的一个新公式。

　　他在 1669 年被授予卢卡斯数学教授席位。在那一天以前，剑桥或牛津的所有成员都是经过任命的圣公会牧师。不过，卢卡斯教授之职的条件要求其持有者不得活跃于教堂（大概是如此可让持有者把更多时间用于科学研究上）。牛顿认为应免除他担任神职工作的条件，这需要查理二世的许可，后者接受了牛顿的意见。这样避免了牛顿的宗教观点与圣公会信仰之间的冲突。

　　从 1670 年到 1672 年，牛顿负责讲授光学。在此期间，他研究了光的折射，表明棱镜可以将白光发散为彩色光谱，而透镜和第二个棱镜可以将彩色光谱重组为白光。

　　他还通过分离出单色的光束并将其照射到不同的物体上的实验，发现了色光不会改变自身的性质。牛顿还注意到，无论是反射、散射或发射，色光都会保持同样的颜色。因此，我们观察到的颜色是物体与特定有色光相合的结果，而不是物体产生颜色的结果。

　　从这项工作中，他得出了如下结论：任何折光式望远镜都会受到光散射成不同颜色的影响，并因此发明了反射式望远镜（现称作牛顿望远镜）来回避这个问题。他自己打磨镜片，使用牛顿环来检验镜片的光学品质，制造出了优于折光式望远镜的仪器，而这都主要归功于其大直径的镜片。1671 年，他在皇家学会上展示了自己的反射式望远镜。皇家学会的兴趣鼓励了牛顿发表他关于色彩的笔记，这在后来扩大为《光学》一书。但当罗伯特·胡克批评了牛顿的某些观点后，牛顿对其很不满并退出了辩论会。两人自此以后成了敌人，并一直持续到胡克去世。

牛顿认为光是由粒子或微粒组成的，并会因加速通过光密介质而折射，但他也不得不将它们与波联系起来，以解释光的衍射现象。而其后世的物理学家们则更加偏爱以纯粹的光波来解释衍射现象。现代的量子力学、光子以及波粒二象性的思想与牛顿对光的理解只有很小的相同点。

在 1675 年的著作《解释光属性的解说》中，牛顿假定了以太的存在，认为粒子间力的传递是透过以太进行的。不过牛顿在与神智学家亨利·莫尔接触后重新燃起了对炼金术的兴趣，并改用源于汉密斯神智学中粒子相吸互斥思想的神秘力量来解释，替换了先前假设以太存在的看法。拥有许多牛顿炼金术著作的经济学大师约翰·梅纳德·凯恩斯曾说："牛顿不是理性时代的第一人，他是最后的一位炼金术士。"但牛顿对炼金术的兴趣却与他对科学的贡献息息相关，而且在那个时代炼金术与科学也还没有明确的区别。如果他没有依靠神秘学思想来解释穿过真空的超距作用，他可能也不会发展出他的引力理论。

1704 年，牛顿著成《光学》，其中他详述了光的粒子理论。他认为光是由非常微小的微粒组成的，而普通物质是由较粗微粒组成，并推测如果通过某种炼金术的转化"难道物质和光不能互相转变吗？物质不可能由进入其结构中的光粒子得到主要的动力吗？牛顿还使用玻璃球制造了原始形式的摩擦静电发电机。

1679 年，牛顿重新回到力学的研究中：引力及其对行星轨道的作用、开普勒的行星运动定律、与胡克和弗拉姆斯蒂德在力学上的讨论。他将自己的成果归结在《物体在轨道中之运动》（1684 年）一书中。该书中包含有初步的、后来在《原理》中形成的运动定律。

《自然哲学的数学原理》在埃德蒙·哈雷的鼓励和支持下出版于 1687 年 7 月 5 日。该书中牛顿阐述了其后两百年间都被视作真理的三大运动定律。牛顿使用拉丁单词"gravitas"（沉重）来为现今的引力命名，并定义了万有引力定律。在这本书中，他还基于波义耳定律提出了首个分析测定空气中音速的方法。

由于《原理》的成就，牛顿得到了国际性的认可，并为他赢得了一大群支持者：牛顿与其中的瑞士数学家尼古拉·法蒂奥·丢勒建立了非常亲密的关系，直到 1693 年他们的友谊破裂。这场友谊的结束让牛顿患上了神经衰弱。

由于受时代的限制，牛顿基本上是一个形而上学的机械唯物主义者。他认为运动只是机械力学的运动，是空间位置的变化；宇宙和太阳一样是没有发展变化的；靠了万有引力的作用，恒星永远在一个固定不变的位置上。

随着科学声誉的提高，牛顿的政治地位也得到了提升。

1689 年，他被当选为国会中的大学代表。作为国会议员，牛顿逐渐开始疏远给他带来巨大成就的科学。他不时表示出对以他为代表的领域的厌恶。同时，他的大量的时间花费在了和同时代的著名科学家如胡克、莱布尼兹等进行科学优先权的争论上。

晚年的牛顿在伦敦过着堂皇的生活。1705 年他被安妮女王封为贵族。此时的牛顿非常富有，被普遍认为是生存着的最伟大的科学家。他担任英国皇家学会会长，在他任职的 24 年时间里，他以铁拳统治着学会。没有他的同意，任何人都不能被选举。

晚年的牛顿开始致力于对神学的研究，他否定哲学的指导作用，虔诚地相信上帝，埋头于写以神学为题材的著作。当他遇到难以解释的天体运动时，提出了"神的第一推动力"的理论。他说："上帝统治万物，我们是他的仆人而敬畏他、崇拜他"。

1727 年 3 月 31 日，伟大的艾萨克·牛顿逝世。同其他很多杰出的英国人一样，他被埋葬在了威斯敏斯特教堂。他的墓碑上镌刻着：让人们欢呼这样一位多么伟大的人类荣耀曾经在世界上存在。

牛顿对科学界的贡献是巨大的，其中涉及到力学、数学、光学、热学、天文学、哲学以及经济学各个方面。

（二） 牛顿轶事

苹果落地的故事

一个偶然的事件往往能引发一位科学家思想的闪光。这是1666年夏末一个温暖的傍晚，在英格兰林肯州乌尔斯索普，一个腋下夹着一本书的年轻人走进他母亲家的花园里，坐在一棵树下，开始埋头读他的书。当他翻动书页时，他头顶的树枝中有样东西晃动起来。一只历史上最著名的苹果落了下来，打在23岁的牛顿的头上。恰巧在那天，牛顿正苦苦思索着一个问题：是什么力量使月球保持在环绕地球运行的轨道上，以及使行星保持在其环绕太阳运行的轨道上？为什么这只打中他脑袋的苹果会坠落到地上？正是从思考这一问题开始，他找到了这些的答案——万有引力理论。由于牛顿的《自然哲学的数学原理》一书用的是欧几里德几何学的表述方式，它是一个严密的、完美的体系，书中没有叙述苹果落地的故事，致使许多人对苹果落地一说持保留意见。实际上，牛顿的亲戚和朋友多次证实苹果落地的故事。法国文学家、科学家伏尔泰曾追忆，他在牛顿去世前一年，即1726年去英国时，听牛顿的继姊妹说过，一天，牛顿躺在苹果树下，忽然看到一个苹果落地，引起了他的思考。牛顿灵机一动，脑中突然形成一种观点：苹果落地和行星绕日会不会由同一宇宙规律所支配的？悟出了万有引力定律。牛顿晚年的一位密友斯多克雷也明确提到，在1742年4月的一天，和牛顿共进午餐后，一起来到牛顿家后园，并在苹果树下饮茶。在谈话中："他（指牛顿）告诉我正是在过去同样情况下，注意引力的思想出现在他的脑海里，那是在一棵苹果树下偶然发生的，当时他处于沉思冥想之中。"还有牛顿晚年的另一位密友潘伯顿在有关追忆牛顿的著作中，也谈及因苹果落地而引起验证引力平方反比关系的故事。

牛顿在晚年再次讲述当时苹果的故事，那是离苹果落地时已经是60年过去了。为什么一个老人对此事记忆那么深刻？我认为有两个原因：首先是因为万有引力定律是一项举世瞩目的辉煌的成果，当事人对触发灵感的事件当然是深深的激动和怀念的；其次是与胡克的争执也留下深深的记忆，牛顿就从一个侧面澄清事实真相，应该认为苹果落地一说的事实是成立的。

牛顿与伪币的趣事

作为英国皇家铸币厂的主管官员，牛顿估计大约有20%的硬币是伪造的。伪造货币在英国是大逆罪，会被处以车裂的极刑。尽管这样，为那些恶名昭著的罪犯定罪是异常困难的；不过，事实证明牛顿胜任这项任务。

他通过掩饰自己的身份而搜集了许多证据，并公之于酒吧和客栈里。英国的法律保留了古老且麻烦的习惯，以给起诉设置必要的障碍，并将政府部门从司法中分离开来。牛顿为此当上了太平绅士，并在 1698 年 6 月到 1699 年圣诞节间引导了对200 名证人、告密者和嫌疑犯的交叉讯问。牛顿最后得以胜诉，并在 1699 年 2 月执行了 10 名罪犯的死刑。后来，他下令将所有的讯问记录予以销毁。

也许牛顿最伟大的胜利是以国王法律代理人的身份与威廉·查洛纳对质。查洛纳密谋策动一起假的天主教阴谋活动，然后检举那些不幸被他诱骗来共谋者。在向国会的请愿中，查洛纳控告铸币厂有偿地将工具提供给了造伪币者，并请求国会允许他检查铸币厂的生产过程以证明他的控告。他还请求国会采纳他所谓的"无法伪造的造币过程"，以及同时打击假币的计划。牛顿被激怒了，并开始着手调查，以查出查洛纳做过的其他事。在调查中，牛顿发现查洛纳参与了伪币制造。他立即起诉了查洛纳。但查洛纳先生在高层有一些朋友，因此他被无罪释放了，这让牛顿感到不满。在第二次起诉中，牛顿提供了确凿的证据，并成功地使查洛纳被判处大逆罪。1699 年 3 月 23日，查洛纳在泰伯恩行刑场被车裂。

牛顿对科学研究的痴情

　　牛顿马虎拖沓，曾经闹过许多的笑话。牛顿对于科学研究专心到痴情的地步。据说有一次牛顿煮鸡蛋，他一边看书一边干活，糊里糊涂地把一块怀表扔进了锅里，等水煮开后，揭盖一看，才知道错把怀表当鸡蛋煮了。还有一次，一位来访的客人请他估价一具棱镜。牛顿一下就被这具可以用作科学研究的棱镜吸引住了，毫不迟疑地回答说："它是一件无价之宝！"客人看到牛顿对棱镜垂涎三尺，表示愿意卖给他，还故意要了一个高价。牛顿立即欣喜地把它买了下来。管家老太太知道了这件事，生气地说："咳，你这个笨蛋，你只要照玻璃的重量折一个价就行了！"有一次牛顿请朋友吃饭，准备好饭菜后，自己却钻进了研究室。朋友见状吃完后便不辞而别了。牛顿出来时发现桌上只剩下残羹冷饭，以为自己已经吃过了，就回去继续进行研究实验。牛顿用心之专注被传佳话。

科学巨人的另一面

　　1667 年复活节后不久，牛顿返回到剑桥大学，10 月被选为三一学院初级院委，翌年获得硕士学位，同时成为高级院委。1669 年，巴罗为了提携牛顿而辞去了教授之职，26 岁的牛顿晋升为数学教授。巴罗让贤，在科学史上一直被传为佳话。

牛顿并不善于教学，他在讲授新近发现的微积分时，学生都接受不了。但在解决疑难问题方面的能力，他却远远超过了常人。还是学生时，牛顿就发现了一种计算无限量的方法。他用这个秘密的方法，算出了双曲面积到二百五十位数。他曾经高价买下了一个棱镜，并把它作为科学研究的工具，用它试验了白光分解为的有颜色的光。开始，他并不愿意发表他的观察所得，他的发现都只是一种个人的消遣，为的是使自己在寂静的书斋中解闷。他独自遨游于自己所创造的超级世界里。后来，在好友哈雷的竭力劝说下，才勉强同意出版他的手稿，才有划时代巨著《自然哲学的数学原理》的问世。

作为大学教授，牛顿常常忙得不修边幅，往往领带不结，袜带不系好，马裤也不系扣，就走进了大学餐厅。有一次，他在向一位姑娘求婚时思想又开了小差，他脑海里只剩下了无穷量的二项式定理。他抓住姑娘的手指，错误的把它当成通烟斗的通条，硬往烟斗里塞，痛得姑娘大叫，离他而去。牛顿也因此终生未娶。

在中小学教科书中，学生们肯定不止一次接触到牛顿这一非同凡响的名字。正如人们所熟知的那样，他是英国伟大的物理学家、数学家和天文学家，提出过万有引力定律、力学三大定律、白光由各色光组成的理论，并开创了微积分学，等等。在迈克尔·怀特所著的《100位杰出人物》一书中，艾萨克·

牛顿（1642—1727）被列为最具影响力人物之第二，排在穆罕默德之后，耶稣基督之前。他之所以能够获得如此殊荣，当然是因为他对科学发展的杰出贡献。

人们往往倾向于把科学史上具有划时代意义的伟大科学家看作是品德高尚的天才和圣人；无数荣誉和光环围绕着他们，使人们难以了解他们作为普通人的真实性情。新近出版的《牛顿传：最后的炼金术士》，通过大量翔实的资料和原始档案，还原了一个真实的牛顿。

这位站立在巫术终结和科学兴起的历史转折点上的天才，通过对未知世界永无止境的探索，使他成为有史以来最伟大的科学家之一，也使他将自己一生中更多的精力花费在炼金术上。牛顿总共留下50多万英文单词的炼金术手稿和100多万单词的神学手稿，而这些工作与他的科学发现很难说是毫无关联的。除此之外，他还专门研究过治疗想像中他所患疾病的药物。

此书作者基于科学发生学的视角，提出了牛顿痴迷炼金术与奠立近代科学基础之间的重大关联。他借助牛顿遗留下来的重要信件和从未发表过的笔记，阐释了牛顿从事炼金术和神学研究对于他发现万有引力，以及后来进行的统一场论研究的作用。

值得一提的是，直到1936年，牛顿真实的另一面才逐渐显露出来，而这要归功于20世纪的经济学大师、牛顿研究者约翰·梅纳德·凯恩斯。当时有一批牛顿遗留下来的文件在苏富比拍卖公司拍卖，这些文件是大约 50 年前由剑桥大学所接受的捐赠中被认为"不具科学价值"的一部分收藏品。结果，凯恩斯在拍卖中购得这批文件。

凯恩斯在研读这批从未向世人公布过的秘密文件后，于 1942 年在英国皇家学会发表演说，将历史上这位最著名和最崇高的科学家描绘成一个受到争议的性格偏执者。凯恩斯对牛顿的重新评价值得我们正视和思考："从 18 世纪以来，牛顿一向被认为是第一个，也是最伟大的近代科学家，是一个理性主义者，他教导我们作出冷静的思考和无偏的推理。可是现在我要说，我不认为如此，我不认为任何人在看完那一箱文件之后，还会把他看成是那样一位道德高尚的伟人。"

无独有偶，当今世界上最伟大的物理学家史蒂芬·霍金在《时间简史》一书中也对牛顿做过不客气的评价：牛顿不是一个讨人喜欢的人，他和其他院士的关系声名狼藉。他晚年的大部分时间都是在激烈的争吵中度过。他有意识地报复了皇家天文学家约翰·夫莱姆斯梯德，又与德国哲学家莱布尼茨发生了更为严重的冲突。莱布尼茨和牛顿各自独立地创造了微积分，尽管牛顿发现微积分要比莱布尼茨早若干年，但他很晚才出版自己的著作。于是，谁是微积分的第一创造者，成了当时科学界争吵的一件大事。

值得注意的是，大多数为牛顿辩护的文章均出自牛顿本人之手，只不过是用朋友的名义发表的。无奈的莱布尼茨只得请求英国皇家学会予以裁定，而作为皇家学会会长的牛顿指定了一个由牛顿自己的朋友所组成的"公正的"委员会来审查，更有甚者，牛顿自己写了委员会的报告，以皇家学会的名义发表，正式谴责莱布尼茨剽窃。

至于牛顿为什么痴迷于炼金术，也颇令人费解。人们很难相信，对财富并非极度渴望的牛顿，只是为了获取财富之源会花费那么多精力，但同样不能令人信服的是，他是在通过这种形式进行科学探索。那么只有一种解释可能较为可信———牛顿的自大，使他希望通过炼金术试验的成功来超越他那个时代和以往数百年间的竞争对手。

如果我们以今天的眼光来审视炼金术，我们应当承认它至少带来了一些有用的技术和工具。并且炼金术可能或多或少地激发了牛顿的灵感，有助于他在科学领域中的探索和发现。

阅读这本《牛顿传：最后的炼金术士》可以得到的启示是，科学巨人同样可能走向歧途；他们的人格或个性也可能存在着这样或那样的缺陷，但是他们对世界文明的贡献是第一位的，而这些有利于社会进步的探索永远不会被贬低或者忘却。

（三）牛顿成就总览

在牛顿的全部科学贡献中，数学成就占有突出的地位。他数学生涯中的第一项创造性成果就是发现了二项式定理。据牛顿本人回忆，他是在 1664 年和 1665 年间的冬天，在研读沃利斯博士的《无穷算术》并试图修改他的求圆面积的级数时发现这一定理的。

微积分的创立是牛顿最卓越的数学成就。牛顿为解决运动问题，才创立这种和物理概念直接联系的数学理论的，牛顿称之为"流数术"。它所处理的一些具体问题，如切线问题、求积问题、瞬时速度问题以及函数的极大和极小值问题等，在牛顿前已经得到人们的研究了。但牛顿超越了前人，他站在了更高的角度，对以往分散的努力加以综合，将自古希腊以来求解无限小问题的各种技巧统一为两类普通的算法——微分和积分，并确立了这两类运算的互逆关系，从而完成了微积分发明中最关键的一步，为近代科学发展提供了最有效的工具，开辟了数学上的一个新纪元。

1707 年，牛顿的代数讲义经整理后出版，定名为《普遍算术》。他主要讨论了代数基础及其在解决各类问题中的应用。书中陈述了代数基本概念与基本运算，用大量实例说明了如何将各类问题化为代数方程，同时对方程的根及其性质进行了深入探讨，引出了方程论方面的丰硕成果，如，他得出了方程的根与其判别式之间的关系，指出可以利用方程系数确定方程根之幂的和数，即"牛顿幂和公式"。

牛顿对解析几何与综合几何都有贡献。他在 1736 年出版的

《解析几何》中引入了曲率中心，给出密切线圆（或称曲线圆）概念，提出曲率公式及计算曲线的曲率方法。并将自己的许多研究成果总结成专论《三次曲线枚举》，于1704年发表。此外，他的数学工作还涉及数值分析、概率论和初等数论等众多领域。

牛顿是经典力学理论理所当然的开创者。他系统的总结了伽利略、开普勒和惠更斯等人的工作，得到了著名的万有引力定律和牛顿运动三定律。

牛顿发现万有引力定律是他在自然科学中最辉煌的成就。他认为太阳吸引行星，行星吸引行星，以及吸引地面上一切物体的力都是具有相同性质的力，还用微积分证明了开普勒定律中太阳对行星的作用力是吸引力，证明了任何一曲线运动的质点，若是半径指向静止或匀速直线运动的点，且绕此点扫过与时间成正比的面积，则此质点必受指向该点的向心力的作用，如果环绕的周期之平方与半径的立方成正比，则向心力与半径的平方成反比。牛顿还通过大量实验，证明了任何两物体之间都存在着吸引力，总结出了万有引力定律：$F = G(m1m2 / r2)$（m1和m2是两物体的质量，r为两物体之间的距离）。在同一时期，雷恩、哈雷和胡克等科学家都在探索天体运动奥秘，其中以胡克较为突出，他早就意识到引力的平方反比定律，但他缺乏像牛顿那样的数学才能，不能得出定量的表示。

牛顿运动三定律是构成经典力学的理论基础。这些定律是在大量实验基础上总结出来的，是解决机械运动问题的基本理论依据。

1687 年，牛顿出版了代表作《自然哲学的数学原理》，这是一部力学的经典著作。牛顿在这部书中，从力学的基本概念（质量、动量、惯性、力）和基本定律（运动三定律）出发，运用他所发明的微积分这一锐利的数学工具，建立了经典力学的完整而严密的体系，把天体力学和地面上的物体力学统一起来，实现了物理学史上第一次大的综合。

在光学方面，牛顿也取得了巨大成果。他利用三棱镜试验了白光分解为的有颜色的光，最早发现了白光的组成。他对各色光的折射率进行了精确分析，说明了色散现象的本质。他指出，由于对不同颜色的光的折射率和反射率不同，才造成物体颜色的差别，从而揭开了颜色之迷。牛顿还提出了光的"微粒说"，认为光是由微粒形成的，并且走的是最快速的直线运动路径。他的"微粒说"与后来惠更斯的"波动说"构成了关于光的两大基本理论。此外，他还制作了牛顿色盘和反射式望远镜等多种光学仪器。

牛顿的研究领域非常广泛，他在几乎每个他所涉足的科学领域都做出了重要的成绩。他研究过计温学，观测水沸腾或凝固时的固定温度，研究热物体的冷却律，以及其他一些只有在与他自己的主要成就想比较时才显得逊色的课题。

（四）牛顿与中国以及对其后世评价

科学家牛顿与我们古代的中国之间也是有渊源的。牛顿生活的年代相当于明亡之前一年到清雍正 5 年，《自然哲学的数学原理》一书发表的时间相当于康熙 25 年。从牛顿《原理》发表的 1687 年到 1840 年的 150 余年间，牛顿物理学和天文学知识几乎没有介绍到中国。《原理》一书的基本内容直到鸦片战争之后才在中国传播。

哥白尼的太阳中心说、开普勒的椭圆轨道、牛顿的万有引力三者相继传入中国，它们和中土奉为圭臬的"天动地静"、"天圆地方"、"阴阳相感"的传统有天壤之别。这就不能不引起中国人的巨大反响。牛顿学说在中国的传播决不只是影响了学术界，唤醒了人们对于科学真理的认识，更重要的是为中国资产阶级改革派发起的戊戌变法（1898 年）提供了一种舆论准备。这个运动的主将康有为、梁启超和谭嗣同等人，都无例外地从牛顿学说中寻找维新变法的根据，尤其是牛顿在科学上革故图新的精神鼓舞了清代一切希望变革社会的有志之士。

不管牛顿的生平有过多少谜团和争议，但这都不足以降低牛顿的影响力。1726 年，伏尔泰曾说过牛顿是最伟大的人，因为"他用真理的力量统治我们的头脑，而不是用武力奴役我们"。

事实上，如果你查阅一部科学百科全书的索引，你会发现有关牛顿和他的定律及发现的材料要比任何一位科学家都多二到三倍。莱布尼茨并不是牛顿的朋友，他们之间曾有过非常激烈的争论。但他写道："从世界的开始直到牛顿生活的时代为止，对数学发展的贡献绝大部分是牛顿做出的。"伟大的法国科学家拉普拉斯写道："《原理》是人类智慧的产物中最卓越的杰作。"拉格朗日经常说牛顿是有史以来最伟大的天才。

在美国学者麦克·哈特在其所著的《影响人类历史进程的100名人排行榜》一书中指出：在牛顿诞生后的数百年里，人们的生活方式发现了翻天覆地的变化，而这些变化大都是基于牛顿的理论和发现。而从大多数人的日常活动看，公元1500年时的大部分人仍过着与公元前1500年的人差不多的生活。但是在过去500年里，随着现代科学的兴起，大多数人的日常生活发生了革命性的变化。同1500年前的人相比，我们穿着不同，饮食不同，工作不同，更与他们不同的是我们还有大量的闲暇时间。科学发现不仅带来技术上和经济上的革命，它还完全改变了政治和宗教思想、艺术和哲学。经过这次科学革命，几乎人类活动的每一个方面都发生了变化。

2003年，英国广播公司在一次全球性的评选最伟大的英国人活动当中，牛顿被评为最伟大的英国人之首。在《伟大的英国人》系列纪录片中专门编辑了牛顿专集的历史学家特里斯特拉姆·亨特表示："全球的公众意识到牛顿的成就是世界性的，而且对全人类都产生影响。这些投票者显然都跨越了国界，他对于牛顿的一马当先感到高兴。"

（五）牛顿名言

我不知道在别人看来，我是什么样的人；但在我自己看来，我不过就像是一个在海滨玩耍的小孩，为不时发现比寻常更为光滑的一块卵石或比寻常更为美丽的一片贝壳而沾沾自喜，而对于展现在我面前的浩瀚的真理的海洋，却全然没有发现。

真理的大海，让未发现的一切事物躺卧在我的眼前，任我去探寻。

我不知道世上的人对我怎样评价。我却这样认为：我好像是在海上玩耍，时而发现了一个光滑的石子儿，时而发现一个美丽的贝壳而为之高兴的孩子。尽管如此，那真理的海洋还神秘地展现在我们面前。

把简单的事情考虑得很复杂，可以发现新领域；把复杂的现象看得很简单，可以发现新定律。

没有大胆的猜测就作不出伟大的发现。

如果说我对世界有些微贡献的话，那不是由于别的，而是由于我的辛勤耐久的思索所致。

胜利者往往是从坚持最后五分钟的时间中得来成功。

聪明人之所以不会成功，是由于他们缺乏坚韧的毅力。

你若想获得知识，你该下苦功；你若想获得食物，你该下苦功；你若想得到快乐，你也该下苦功，因为辛苦是获得一切的定律。

我的成就，当归功于精微的思索。

大学里绝不会教你如何生存；同样道理，大学教授也和我们一样，简直对这事一无所知。

你该将名誉作为你最高人格的标志。

无知识的热心，犹如在黑暗中远征。

谦虚对于优点犹如图画中的阴影，会使之更加有力，更加突出。

愉快的生活是由愉快的思想造成的。

如果说我看得远，那是因为我站在巨人们的肩上。

第六章 南非首位黑人总统——曼德拉

（一）曼德拉生平

钟声响起归家的讯号

在他生命里

彷佛带点唏嘘

黑色肌肤给他的意义

是一生奉献肤色斗争中

年月把拥有变做失去

疲倦的双眼带着期望

今天只有残留的躯壳

迎接光辉岁月

风雨中抱紧自由

一生经过彷徨的挣扎

自信可改变未来

问谁又能做到

可否不分肤色的界线

愿这土地上

不分你我高低

缤纷色彩显出的美丽

是因它没有

分开每种色彩

Beyond，是于 1983 年成立的香港殿堂级摇滚乐队，是华语乐坛上最具代表性的乐队。相信有很多同学把他们当做自己的偶像，也听过他们创作的很多经典的歌曲。上面的这首歌词，摘自 Beyond 献给曼德拉的那首《光辉岁月》。歌词直白的表现了曼德拉追求自由的理想与精神，体现了黄家驹对曼德拉的敬意。

纳尔逊·罗利赫拉赫拉·曼德拉，1918 年 7 月 18 日出生于南非特兰斯凯一个大酋长家庭。先后获南非大学文学士和威特沃特斯兰德大学律师资格，当过律师。曾任非国大青年联盟全国书记、主席。非国大执委、德兰士瓦省主席、全国副主席。他成功地组织并领导了"蔑视不公正法令运动"，赢得了全体黑人的尊敬。1994 年 5 月 9 日，曼德拉成为南非首位黑人总统，于 1994 年至 1999 年间任南非总统。曼德拉曾在牢中服刑 27 年。在其 40 年的政治生涯中获得了超过一百项的奖项，其中最显著的便是 1993 年的诺贝尔和平奖。南非首位黑人总统，被尊称为南非国父。

在他任职总统前，曼德拉是积极的反种族隔离人士，同时也是非洲国民大会的武装组织民族之矛的领袖。当曼德拉领导反种族隔离运动时，南非法院以密谋推翻政府等罪名将他定罪。依据判决，曼德拉在牢中服刑 27 年，其中大多数的日子在罗本岛度过。

他现为著名的政界元老，持续对时事话题发表他的见解。在南非，他普遍被昵称为马迪巴，其是曼德拉家族中长辈对他的荣誉头衔。这个称谓也成了纳尔逊·曼德拉的同义词。

1990 年 2 月 11 日出狱后，曼德拉转而支持调解与协商，并在推动多元族群民主的过渡期挺身领导南非。自种族隔离制度终结以来，曼德拉受到了来自各界的赞许，包括从前的反对者。

曼德拉的家庭背景

曼德拉是腾布王朝非长子家族的一员，其统治南非开普省的特兰斯凯地区。他出生于牡韦佐，一个坐落于特兰斯凯首府阿姆塔塔一带的小村庄。他的父系曾祖父努班库卡（逝于 1832 年），以国王之姿统治着腾布人。

国王的其中一个儿子，名为曼德拉，成了纳尔逊的祖父，也是他的姓氏的由来。然而，由于他的母亲来自于伊克斯伊巴家族（所谓的"左方王室"），因此依照传统，他的后裔并没有资格继承腾布的王位。

曼德拉的父亲葛德拉·汉瑞·孟伐肯伊斯瓦，在牡韦佐城镇担任部落酋长。然而，由于与殖民当局之间的格格不入，他们夺去了孟伐肯伊斯瓦的地位，并将他的家族移至库努。尽管如此，孟伐肯伊斯瓦仍然是国王的枢密院的一员，担任琼金塔巴·达林岱波登上腾布王位的要角。

曼德拉的早年生活

纳尔逊曼德拉成为他们家族中唯一上过学的成员。他小学的启蒙教师给他取了个名字叫纳尔逊。当曼德拉9岁的时候，他父亲死于肺结核。部落中的摄政王成为他的监护人，曼德拉于是就到离开父亲王宫不远的韦斯里安教会学校上课。按照腾布的习惯，他从16岁开始受业，当克拉克布瑞学员，曼德拉用了二年完成了惯常需要三年完成的初中学业。因为他父亲的地位，他被指定为王朝的继任者。19岁，他开始对拳击感兴趣，并且开始经营这个学校。

在被录用后，曼德拉开始在福特哈尔大学上学。在这里，他遇到了奥利弗坦波。坦波成为曼德拉一生的好朋友、好同事。在曼德拉大学生涯第一年，他卷入了学生会抵制学校不合理政策的活动。他被勒令退学，并被告知除非接受学生会的选举结果，不然不能再回到学校。此后，曼德拉只有在监狱时才获得了伦敦大学的函授法学学位。

在离开福特哈尔不久，曼德拉就安排和腾布家族的继承人一起结婚。这个年轻人显然不满足于这种包办婚姻。他选择逃避，离开了家乡来到了约翰内斯堡。刚一到约堡，他就在一个煤矿找到了一份保安的职业。不过，当矿场老板发现曼德拉是逃亡的贵族后就迅速解雇了他。

随后，曼德拉在约翰内斯堡的一家律师事务所找到了一个文书工作。在此期间，曼德拉在南非大学通过函授修完了他的学士学位。在此之后，他开始在约翰内斯堡金山大学学习法律。在这里，他遇到了他此后反种族隔离时的同志，乔斯洛沃、哈里斯沃兹以及鲁斯福斯特。斯洛沃最终成为曼德拉当政时期的建设部长，斯沃兹成为南非驻美国大使。在此期间，曼德拉住在位于约翰内斯堡北部的亚力克山德拉镇。

（二） 曼德拉的政治生涯

自由时期

1948 年，由布尔人当政的南非国民党取得了大选的胜利。这个党派支持种族隔离政策。曼德拉开始积极投身政治活动。

他在 1952 年的非国大反抗运动和 1955 年的人民议会中起到了领导作用。这些运动的基础就是自由宪章。与此同时，曼德拉和他的律师所同事奥利弗坦波开设了曼德拉坦波律师事务所，为请不起辩护律师的黑人提供免费或者低价的法律咨询服务。

1958 年 9 月 2 日，亨德里克·弗伦施·维沃尔德出任南非首相。其于执政期间出台了"班图斯坦法"，将 1000 余万非洲黑人仅仅限制在 12.5% 的南非国土中，同时在国内实行强化通行证制度，激化了南非黑人与白人的冲突，最终导致了沙佩韦尔惨案的发生。

1960 年 3 月 21 日，南非军警在沙佩维尔向正在进行示威游行的 5000 名抗议示威者射击，导致 69 人死亡，180 人受伤，曼德拉也因此被捕入狱，但是最后通过在法庭辩论上为自己的辩护，得到无罪释放。

1961 年 9 月，曼德拉创建了非国大军事组织："民族之矛"并任总司令。

"监狱生涯"

1962 年 8 月，在美国中情局的帮助之下，曼德拉被南非种族隔离政权逮捕入狱，当时政府以"煽动"罪和"非法越境"罪判处曼德拉 5 年监禁，自此，曼德拉开始了他长达 27 年的"监狱生涯"。1962 年 10 月 15 日，曼德拉被关押到比勒陀利亚地方监狱。在那里，曼德拉为了争取自身利益而遭到单独关押，关押时间一日长达 23 小时，每天只有上午和下午各半个小时的活动时间。在单独关押室中没有自然光线，没有任何书写物品，一切与外部隔绝。最终，曼德拉放弃了自己的一些权利，他希望能够与他人交流。

1964 年 6 月，南非政府以"企图以暴力推翻政府"罪判处正在服刑的曼德拉终生监禁，当年他被转移到罗本岛上。罗本岛是 1960 年代中期到 1991 年那段时间内南非最大的秘密监狱，岛上曾关押过大批黑人政治犯。曼德拉在罗本岛的狱室只有 4.5 平方米，在这里他受到了非人的待遇。罗本岛上的囚犯被狱卒们逼迫到岛上的采石场做苦工。

在岛上，曼德拉希望监狱方面同意他在监狱的院子里开辟出一块菜园。监狱方面多次拒绝，但是最终还是同意了曼德拉的要求。在岛上，曼德拉依然坚持着身体锻炼，例如在牢房中跑步，做俯卧撑进行锻炼。

1982 年，曼德拉离开了罗本岛，他被转移到波尔斯摩尔监狱。自此，曼德拉结束了自己在罗本岛长达 18 年的囚禁。

1982 年，曼德拉被转移回离别 18 年之久的非洲大陆，他被关押在开普敦的波尔斯穆尔监狱。他在这里也开辟了一片菜园，并且种了将近 900 株植物。

1984 年 5 月，官方允许曼德拉与其夫人进行"接触性"探视。当他的夫人听到这个消息时认为曼德拉可能生病了。探视时，他俩互相拥抱在一起。曼德拉说："这么多年以来，这是我第一次吻抱我的妻子。算起来，我已经有 21 年没有碰过我夫人的手了。"

重获自由

南非在实行种族隔离后期那段时间内，受到了国际社会的严厉制裁；这一切最终导致南非于 1990 年解除隔离，实现民族和解。1990 年 2 月 10 日，南非总统德克勒克宣布无条件释放曼德拉，1990 年 2 月 11 日，在监狱中度过了 27 年的曼德拉终于重获自由。当日，他前往了韦托足球场，向 12 万人发表了他著名的"出狱演说"。

1993 年 10 月 15 日，挪威诺贝尔委员会宣布，将 1993 年的诺贝尔和平奖授予曼德拉和当时的南非总统德克勒克。委员会称："曼德拉和德克勒克为消除南非种族歧视作出了贡献，他们的努力为在南非建立民主政权奠定了基础。"

1994 年 5 月 9 日，在南非首次的多种族大选结果揭晓后，曼德拉成为南非历史上首位黑人总统。1997 年 12 月，曼德拉辞去非国大主席一职，并表示不会参加 1999 年 6 月的总统选举。

除了 1993 年获得诺贝尔和平奖以外，曼德拉还于 1991 年获得联合国教科文组织颁发的"乌弗埃－博瓦尼争取和平奖"，1998 年 9 月美国国会颁发的美国"国会金奖"以及 2000 年 8 月南部非洲发展共同体颁发的"卡马"勋章。

1997 年 12 月，曼德拉辞去南非非国大主席一职，并表示不再参加 1999 年 6 月的总统竞选。1999 年 5 月，曼德拉总统应邀访华，他是首位访华的南非国家元首。

退休之后

2012 年 12 月 8 日，南非前总统曼德拉因病住院，从老家转到比勒陀利亚的米尔帕克医院以后，医院门前每天都聚集着大批民众，他们亲切地称呼这位"南非国父"为"马迪巴"。这是属于曼德拉父亲氏族的姓氏，称呼他"马迪巴"意味着大家视他为自家长辈。聚集在医院门口的民众真心为年过九旬的政治家祈祷着，因为他的住院，南非媒体一直紧密追踪，从住院地点到治疗手段，关于曼德拉的关注甚至超过圣诞庆祝的内容。这位 94 岁老人接受了肺部感染治疗和胆结石摘除手术，并于 12 月 26 日出院回家，出院后他将在其约翰内斯堡的家中继续接受治疗，直到完全康复。

（三） 曼德拉－中国友谊

中国从 20 世纪 50 年代起就支持非国大反对南非种族隔离

制度，给予非国大所需的一切援助。非国大同中国的友谊将继续下去。联合国、非洲统一组织等都不承认台湾。非国大采取上述国际组织对中国所采取的同样立场。曼在谈到台湾方面曾希望非国大在台北设立办事处，非国大已拒绝此要求。非国大希望在北京设立办事处。

1999年5月曼德拉以总统身份访华时，向江泽民主席深情地表示，南非与中国人民之间存在传统友谊。中国的万里长征和中国人民为解放全中国进行的英勇斗争曾给南非人民反对种族隔离斗争以巨大的鼓舞。南非政府对中国政府和中国人民给予的宝贵支持表示衷心感谢。

2003年7月18日是曼德拉85岁寿辰，胡锦涛主席专门发去了生日贺电。联合国秘书长安南高度赞扬曼德拉为全世界的民主与自由做出的贡献，称他是"和解与和平的楷模"。

（四）曼德拉的影响以及对其评价

作为著名的反种族隔离民主斗士，曼德拉用行动深深的影响了几代人。

（1）苏里南裔的荷兰著名黑人球星古利特，曾深受种族歧视之苦。在1987年古利特获得了欧洲金球奖后，他将纳尔逊·曼德拉的名字刻在了金球奖奖杯上，以此支持当时身在狱中的曼德拉。

（2）曾经关押曼德拉和其他政治犯的罗本岛监狱，在南非推翻种族隔离制度后，被辟为旅游目的地。罗本岛于1999年被联合国教科文组织列为世界文化遗产。

（3）2009年11月11日，第六十四届联合国代表大会通过决议，将纳尔逊·曼德拉的生日7月18日定为曼德拉国际日，以表彰"其为和平及自由所作出的贡献"。

（4）曼德拉的主要著作有《走向自由之路不会平坦》、《斗争就是生活》、《争取世界自由宣言》、自传《自由路漫漫》。

纳尔逊·曼德拉是20世纪90年代非洲政坛上一颗最耀眼的明星。他领导的非国大在结束南非种族主义的斗争中发挥了极其重要的作用。1994年4月新南非诞生，标志着非洲大陆反帝、反殖、反对种族隔离的政治解放任务胜利完成，载入人类历史文明进程的光辉史册。

即使在狱中，曼德拉也多次成为全球焦点，他的号召力和影响力遍及全世界。1981年，1万余名法国人联名向南非驻法使馆发出请愿书，要求释放曼德拉；1982年，全球53个国家的2000名市长又为曼德拉的获释而签名请愿；1983年，英国78名议员发表联合声明，50多个城市市长在伦敦盛装游行，要求英国首相向南非施加压力，恢复曼德拉自由。如此人缘无人能及，难怪有人称曼德拉为"全球总统"。

（五） 曼德拉经典之语

（1）"让黑人和白人成为兄弟，南非才能繁荣发展。"

（2）"在那漫长而孤独的岁月中，我对自己的人民获得自由的渴望变成了一种对所有人，包括白人和黑人，都获得自由的渴望。"——曼德拉对战争与和平拥有独特的认识。

（3）"压迫者和被压迫者一样需要获得解放。夺走别人自由的人是仇恨的囚徒，他被偏见和短视的铁栅囚禁着。"

（4）"我已经把我的一生奉献给了非洲人民的斗争，我为反对白人种族统治进行斗争，我也为反对黑人专制而斗争。我怀有一个建立民主和自由社会的美好理想，在这样的社会里，所有人都和睦相处，有着平等的机会。我希望为这一理想而活着，并去实现它。但如果需要的话，我也准备为它献出生命。"——1964 年被判终身监禁时，曼德拉将审讯法庭变成了揭露种族隔离制度罪恶和唤醒广大民众的讲坛。他那长达 4 个小时的声明是这样结束的。

（5）"在这次伊拉克战争中，我们看见了美国和布什的一举一动，到底谁是世界的威胁?!"——曼德拉谴责美国总统布什肆意践踏伊拉克主权。

（6）"你（克林顿）如果不高兴就跳进游泳池去吧!"——

曼德拉最不喜欢别人对南非指手画脚。1998 年 3 月克林顿访问南非，在联合记者招待会上，曼德拉公开表示南非将与古巴、伊朗、利比亚保持密切关系，并宣布不久将出访伊朗，令与其并肩站在一起的克林顿大为尴尬。

（7）"我已经演完了我的角色，现在只求默默无闻地生活。我想回到故乡的村寨，在童年时嬉戏玩耍的山坡上漫步。"——退休后的曼德拉甘愿做一个平民。

（8）"我想用乐观的色彩来画下那个岛，这也是我想与全世界人民分享的。我想告诉大家，只要我们能接受生命中的挑战，连最奇异的梦想都可实现！"曼德拉 84 岁时曾在南非举办了个人画展，作品主题是监狱生活。在 27 年的铁窗生活中，曼德拉用木炭和蜡笔绘画来打发时间，渐渐形成了独特画风：线条简单、色彩丰富。他最喜欢用画笔讲述自己的铁窗故事，但并不选用"黑暗、阴沉"的颜色，而是明亮轻快的色彩，以此来表现自己乐观积极的心态。

（9）"别担心，放轻松，要快乐！"——85 岁的曼德拉依然精神矍铄，性格开朗。在这位尝过 27 年牢狱之苦的老人心中，自由就是幸福。"从今往后，我的生活添加了两个重要内容，第一个是格拉萨，第二个是到莫桑比克吃大虾。"——曼德拉与莫桑比克前总统遗孀相伴晚年。

（六）对曼德拉个人荣誉的总结

1983 年和 1985 年，曼德拉曾先后荣获联合国教科文组织授予的"西蒙·博利瓦国际奖"和第三世界社会经济研究基金会颁发的"第三世界奖"。

1991 年联合国教科文组织授予曼德拉"乌弗埃－博瓦尼争取和平奖"。

1992 年 10 月首次访华，5 日被北京大学授予名誉法学博士学位。

1993 年 10 月，诺贝尔和平委员会授予他诺贝尔和平奖，以表彰他为废除南非种族歧视政策所作出的贡献。

同年，他还与当时的南非总统德克勒克一起被授予美国费城自由勋章。

1998 年 9 月曼德拉访美，获美国"国会金奖"，成为第一个获得美国这一最高奖项的非洲人。

2000 年 8 月被南部非洲发展共同体授予"卡马"勋章，以表彰他在领导南非人民争取自由的长期斗争中，在实现新旧南非的和平过渡阶段，以及担任南共体主席期间做出的杰出贡献。

2004 年 3 月底，高 6 米的曼德拉雕像在约翰内斯堡桑敦商务中心广场落成，此广场也更名为曼德拉广场。

2005 年 4 月曼德拉夫妇获得由世界各地数百万儿童选举产生的"全球之友奖"。

2009 年 7 月不结盟运动外长会议发表声明，支持将每年的 7 月 18 日定为"曼德拉日"。

最后，给大家介绍一部电影——《打不倒的勇者》。该影片讲述的是，南非前总统纳尔逊·罗利赫拉赫拉·曼德拉如何与南非橄榄球队队长法兰索瓦皮纳尔同心协力，联手凝聚国人向心力，让因为黑白人种问题面临严重分裂的南非能够团结一致。新当选的南非总统曼德拉认为，自从实行种族隔离政策以来，南非就一直存在着种族歧视和贫富不均的阶级问题，不过他相信透过作为国际语言的运动能使人民团结，于是他决定重整不被看好的南非橄榄球队，在看似无望的 1995 年世界杯冠军赛中努力奋战。看完这部电影，想必你就会更了解南非第一位黑人总统——曼德拉，也会更加了解那个时代背景下产生的伟人。

解·析
辉煌的人生

〈下〉

刘颖 ◎编著

中国出版集团

图书在版编目（CIP）数据

解析辉煌的人生（下）/ 刘颖编著. —北京：现代
出版社，2014.1

ISBN 978-7-5143-2133-3

Ⅰ. ①解… Ⅱ. ①刘… Ⅲ. ①成功心理 – 青年读物
②成功心理 – 少年读物 Ⅳ. ①B848.4 – 49

中国版本图书馆 CIP 数据核字（2014）第 008563 号

作　者	刘　颖
责任编辑	王敬一
出版发行	现代出版社
通讯地址	北京市安定门外安华里 504 号
邮政编码	100011
电　话	010 – 64267325 64245264（传真）
网　址	www.1980xd.com
电子邮箱	xiandai@cnpitc.com.cn
印　刷	唐山富达印务有限公司
开　本	710mm×1000mm　1/16
印　张	16
版　次	2014 年 4 月第 1 版　2023 年 5 月第 3 次印刷
书　号	ISBN 978-7-5143-2133-3
定　价	76.00 元（上下册）

目　录

第七章　淘宝网创始人——马云

（一）马云简介

马云，浙江绍兴人，中国著名企业家，阿里巴巴集团主要创始人之一。曾任阿里巴巴集团主席和首席执行官。他是《福布斯》杂志创办 50 多年来成为封面人物的首位大陆企业家，曾获选为未来全球领袖。除此之外，马云还担任中国雅虎董事局主席、杭州师范大学阿里巴巴商学院院长、华谊兄弟传媒集团董事等职务。

（二）马云的大事记

马云 1988 年毕业于杭州师范学院英语专业，之后任教于杭州电子工业学院。1995 年，在出访美国时首次接触到因特网，回国后创办网站"中国黄页"，其后不到三年时间，他们利用该网站赚到了 500 万元。1997 年，加盟中国外经贸部，负责开发其官方站点及中国商品网上交易市场。1999 年，正式辞去公职，创办阿里巴巴网站，开拓电子商务应用，尤其是 B2B 业务，阿里巴巴是全球最大的 B2B 网站之一。阿里巴巴网站的成功，使马云多次获邀到全球著名高等学府讲学，当中包括宾夕法尼亚大学的沃顿商学院、麻省理工、哈佛大学等。

2003 年，秘密成立淘宝网。2004 年创办独立的第三方电子支付平台支付宝。马云创办的个人拍卖网站淘宝网，成功走出了一条中国本土化的独特道路，从 2005 年第一季度开始成为亚洲最大的个人拍卖网站。

2005 年，阿里巴巴和全球最大门户网站雅虎进行战略合作，兼并其在华所有资产，因此成为中国最大互联网公司。

2009 年 9 月，阿里巴巴集团庆祝创立 10 周年的同时，宣布成立另一家子公司阿里云计算。

2011 年 6 月，阿里巴巴集团将淘宝网分拆为三个独立的公司：淘宝网、天猫和一淘，以便更精准和有效地服务中国的网购人群。

据统计，2012 年 11 月，阿里巴巴在网上的交易额突破 1 万亿大关，马云由此被冠以"万亿侯"的称号。

2013 年 1 月 15 日，阿里巴巴集团董事局主席兼 CEO 马云向员工发表公开信称，将于 2013 年 5 月 10 日起卸任阿里巴巴集团 CEO 一职。2013 年 3 月 10 日，阿里巴巴集团董事局主席兼 CEO 马云发出内部邮件称，集团首席数据官陆兆禧将接任 CEO 一职。他十分注重下一代领导人的培养，现在杭州师范学院成立阿里巴巴商学院，为阿里巴巴培养提供人才。马云也希望重组可以将中国电子商务巨头的年轻员工培养成世界级的商业领袖，"互联网是四乘一百米接力赛，你再厉害，只能跑一棒，应该把机会给年轻人。"给更多年轻人更多的机会和广阔的空间，是风度的体现，能做到这样的全身而退，他的成功是有原因的。

（三）创业艰难百战多

1995 年 4 月在大多数中国人还不知道互联网为何物的时候，马云丢掉高校老师的铁饭碗，毅然投身互联网。马云太太的第一反应不是"你疯了"，而是陪着他砸锅卖铁，东拼西凑出 10 万元钱，在只有一间屋子的办公室里，"靠一元钱一元钱数着花"，一起创办了中国互联网历史上第一个 B2B（企业对企业之间的营销关系）网页，创办了"中国黄页"网站。这是全球第一家网上中文商业信息站点，在国内最早形成面向企业服务的互联网商业模式。1997 年年底，马云和他的团队在北京开发了外经贸部官方站点、网上中国商品交易市场、网上中国技术出口交易会、中国招商、网上广交会和中国外经贸等一系列国家级站点。

1999 年 3 月，马云和他的团队回到杭州，以 50 万元人民币创业，开发阿里巴巴网站。他根据长期以来在互联网商业服务领域的经验和体会，明确提出互联网产业界应重视和优先发展企业与企业间电子商务（B2B），他的观点和阿里巴巴的发展模式很快引起国际互联网界的关注，被称为"互联网的第四模式"。

1999 年 10 月和 2000 年 1 月，阿里巴巴两次共获得国际风险资金 2500 万美元投入。马云以"东方的智慧，西方的运作，全球的大市场"的经营管理理念，迅速招揽国际人才，全力开拓国际市场，同时培育国内电子商务市场，为中国企业尤其是中小企业迎接"入世"挑战构建一个完善的电子商务平台。

2000 年 10 月，阿里巴巴公司继续为中国优秀的出口型生产企业提供在全球市场的"中国供应商"专业推广服务。此服务依托世界级的网上贸易社区，顺应国际采购商网上商务运作的趋势，推荐中国优秀的出口商品供应商，获取更多更有价值的国际订单。加盟企业近 3000 家，超过 70% 的被推荐企业在网上实现成交，众多企业成为国际大采购商如沃尔玛、家乐福、通用、克莱斯勒等的客户。

2002年3月10日，阿里巴巴倡导诚信电子商务，与邓白氏、ACP、华夏、新华信等国际国内著名的企业资信调查机构合作推出电子商务信用服务，以"诚信通"服务来帮助企业建立网上诚信档案，通过认证、评价、记录、检索、反馈等信用体系，提高网上交易的效率和成功的机会，安平县环航网业有限公司和新达海绵制品有限公司是较早加入阿里巴巴"诚信通"民营企业，业绩有了显著提高。

截至2003年5月，阿里巴巴会聚来自220个国家和地区的200多万注册商人会员，每天向全球各地企业及商家提供150多万条商业供求信息，是全球国际贸易领域内最大、最活跃的网上市场和商人社区，是全球B2B电子商务的著名品牌。

WTO首任总干事萨瑟兰出任阿里巴巴顾问，美国商务部、日本经济产业省、欧洲中小企业联合会等政府和民间机构均向本地企业推荐阿里巴巴。

阿里巴巴两次被美国权威财经杂志《福布斯》选为全球最佳B2B站点之一，多次被相关机构评为全球最受欢迎的B2B网站、中国商务类优秀网站、中国百家优秀网站、中国最佳贸易网。从阿里巴巴成立至今，全球十几种语言400多家著名新闻传媒对阿里巴巴的追踪报道从未间断，被传媒界誉为"真正的世界级品牌"。

马云是最早在中国开拓电子商务应用并坚守互联网领域的企业家，他和他的团队创造了中国互联网商务众多第一：开办中国第一个互联网商业网站——"中国黄页"，提出并实践面向中小企业的 B2B 电子商务模式，为互联网商务应用播下最初的火种；他在中国网站全面推行"诚信通"计划，开创全球首个企业间网上信用商务平台；他发起并策划了著名的"西湖论剑"大会，并使之成为中国互联网最大的盛会。马云率领他的阿里巴巴运营团队汇聚来自全球 220 个国家和地区的 1000 多万注册网商，每天提供超过 810 万条商业信息，成为全球国际贸易领域最大、最活跃的网上市场和商人社区。

他创立的阿里巴巴被国内外媒体、硅谷和国外风险投资家誉为与 Yahoo（雅虎）、Amazon（亚马逊）、eBay（易趣）、AOL（美国在线）比肩的五大互联网商务流派代表之一。它的成立推动了中国商业信用的建立，在激烈的国际竞争中为中小企业创造了无限机会，"让天下没有难做的生意"。

马云有一个终极梦想：七剑合璧、30 家公司、三波 IPO。在未来 10 年当中，阿里的生态系统当中会孕育出 1000 万小企业、提供 1 亿个就业岗位、面向 10 亿级消费者，而最终交易额会达到 10 万亿。如今他在众人心目中已经是一个不折不扣的成功人士，能提出更高的目标给关注他的人们以期许。真心希望这一天的到来，那将是互联网的一大盛事，是亿万国人的骄傲。

（四）趣事二三件

1. 能兵巧匠战商场

早期马云是一个高明的武术家。从小练武而且最喜爱孙子兵法，也许这就是他跟别人都不同的地方。商场如战场。在众多竞争者中，运用兵法与别人斗智斗勇真是会略胜一筹。能把兵家的斗争智慧巧妙的运用到商场上去，是他成功胜出的所在。马云说推翻旧的商业文明，建立新的商业文明，有的东西是永远推不翻的，中华几千年下来都推不翻人的天性。他以为他自己可以改变，改变了一时改不了一世。他自己后来也说改变别人真的很难，他改变不了。成功只是满足自己的心理意望，人家没有这想法的就不需要。抱着一个根本实现不了的愿望，还永不放弃，你说这叫什么。打个比方我要把马云打败，做的比他还要成功。永不放弃就能达到，你说可能吗。还有做人一定要做正，永远都不要说假话。这就是他在杭州师范学院教学生们的真理。一个人永远不说假话，你说可能不。真理都不是僵死的。

2. 一个头脑愚钝的孩子

马云从小就是一个傻孩子。小时候爱打架，打了无数次的架，"没有一次为自己，全是为了朋友"。"义气，最讲义气"，打得缝过13针，挨过处分，被迫转学杭州八中。由于家庭出身不好，家庭压力大，父亲脾气火爆。马云在父亲拳脚下长大，在家待不住却特别爱交朋友。

他说："我大愚若智，其实很笨，脑子这么小，只能一个一个想问题，你连提三个问题，我就消化不了。"从小，马云功课就不好，数学考过1分。只有英语特别好，原因就是受到老师的一句启蒙话，之后马云就逢外国人就和人家说话，从来不感觉到丢人，这样久而久之练就了这一身的"好功夫"！对马云日后的人生起到很大的帮助！

从小到大，马云不仅没有上过一流的大学，而且连小学、中学都是三四流的，初中考高中考了两次。数学31分。高考数学第一次考了1分。高考失败，弱小的马云做起踩三轮车的工作。直到有一天在金华火车站捡到一本书，路遥的《人生》，这本书改变了这个傻孩子："我要上大学。"

1984年马云几番辛苦考入杭州师范学院（现杭州师范大学）外语系——是专科分数，离本科差5分，但本科没招满人，马云幸运地上了本科。到了大学，因为他的英语太好了，总是班上前5名，闲得没什么事可做，马云就当上了学生会主席，喜欢结交朋友。大学毕业后，马云在杭州电子工业学院教英语。1991年、马云和朋友成立海博翻译社。翻译社一个月的利润200块钱，但房租就得700。

大家动摇的时候，马云一个人背着个大麻袋去义乌，卖小礼品，卖鲜花，卖书，卖衣服，卖手电筒。"喏，看见那个大狼狗吗，当年我就卖过它。"记者采访马云时，他兴奋的指着一个卖小玩意儿的人说道。

两年马云就干成了这件傻事，不仅养活了翻译社，组织了杭州第一个英语角，而且他是全院课程最多的老师。如今，海博是杭州最大的翻译社。

3. 一鸣惊人战胜 eBay

创办阿里巴巴两年后，马云凭借与中国制造丰富资源相得益彰的B2B商业模式，在2000年成为第一个登上《福布斯》封面的中国企业家。在B2B领域站稳脚跟的阿里巴巴在2003年通过免费服务方式迅速介入第三方支付业务，断掉了eBay的中国梦。

但是在接受雅虎10亿美元的投资（包括雅虎中国业务）

后，马云失去了对阿里巴巴的控制，这为以后的股权之争埋下了隐患。

（五）他的成功告诉你成功没有捷径

在马云看来，人必须做自己坚信不疑的事情，没有这样的事情让你投入，你不会走下去，更不会走远。只有坚定的信念才会使人迸发动力。心血来潮的想法只适合谋求一份生计，并不能给人生带来任何改变，更别说创业。"开始坚信了一点点，就会越做越有意思。"他坚信互联网会影响中国、改变中国，中国可以发展电子商务，最初的理想牢牢刻在脑海之中，在有前途的领域带着兴趣工作，成功的概率大大增加。马云说："没有梦想比贫穷更可怕，因为这代表着对未来没有希望。一个人最可怕不知道自己干什么，有梦想就不在乎别人骂，知道自己要什么，才最后会坚持下去。"

注重学习能力也是阿里巴巴不断成功的要素。马云认为"中国经济、世界经济互联网加上我们的年轻，如果我们不学习，不成长，我们对不起自己，也对不起这个时代。"俗话说："活到老，学到老"。现在科技发达的信息时代更应该如此，没有一定的学习能力很难适应纷繁复杂的科技社会，产品在不断更新换代，永远都会有新的知识等待你去发掘。面对庞大、陌生的知识量、信息量，你必须有过人的学习能力，不一定要赶在别人前面学完，至少不要落在后面。学习能力不仅仅是"学习"，还有发现要学的知识、选择适合自己的内容学习的能力，是全方位、全方面的能力。好学之人总是受到老师的喜爱，其实也会受到老板们的青睐。同样在公司里面上一节培训课，老板支出的培训费用需要由你的成效来反映到底值不值得。

马云说："这么多年，我一开始是为自己坚持，到后来是为别人坚持，就像淘宝一样，帮千千万万小店主和快递员实现梦想。但有时候想起来，自己曾经坚持的东西太多了，因此不坚持反而成了最大的幸福。如果未来自己的时间不多，也就不再坚持了。"人为什么坚持？并不是每一个人都会坚持，但是现在可以成功的人没有一个不是咬紧牙关挺过来的。有人喜欢跑步，想要用这种方法强健自己的体魄，可是你有没有每天都坚持去那座花园跑几圈？有人热爱生活，想要写日记记录每一天的所见所闻所思所感，可是翻开那个以前买的贵的要命的本子，有几页纸上留下了你的感言？也许坚持让自己喜欢的也变成了痛苦，那是因为你还没有全身心投入。只有在痛苦中不断坚持，并且还能笑眯眯面对的，那才是你的心之所在。"很多人比我们聪明，很多人比我们努力，为什么我们成功了，我们拥有了财富，而别人没有，一个重要的原因是我们坚持下来了。"有的时候傻坚持要比不坚持好很多，如果空有理想，没有坚持，理想将变成一种痛苦。2013 年马云离开了阿里巴巴。他说："有的时候希望自己能停下来，因为我觉得我还有更好的梦想。我做阿里巴巴 13 年，如果不停下来，就会失去更多的梦想。所以要抓紧时间。"他离开了阿里巴巴不是因为他放弃了坚持、放弃了梦想。人生中可以有很多梦想，而他正是在追求自己尚未实现的梦想。

马云表示，正确的选择、明确方向，也是成功路上不可或缺的精神。"如果方向选错了，你做得越对死得越快。所以我觉得我比较幸运，阿里巴巴选择了一个正确的方向——电子商务、互联网这个方向，但是做错了，可能也不行。"人生中往往要遇到无数个选择，小到日常生活中的柴米油盐，大到国家间的利益关系。选择不仅仅是为了自己舒心，拥有生活智慧的人则会选择最适合的那一个。豪华的居室会让人舒舒服服地生活，但是那也许并不适合自己的经济状况或者审美观念。既然你喜欢的是远离闹市的田园，那你何必在最热闹的地方放松心情，那样只能是自寻烦恼。选择最优化的，能为企业带来巨大的经济效益，能给生活带来最多实惠。生活中的智慧、商场中的战术相互影响，看谁先用头脑想到了最适合自己的那一条，这又是一个智慧的选择。

"网商逐渐多起来，最重要的是诚信，所以选择最正确的事情，要大力投入诚信建设。"又是一个正确的选择。诚信缺失在现实社会中屡见不鲜，无论在哪一个"世界"，无论在哪一个时代，基本的人类素养总是很重要的。互联网本来就捉摸不定，网民的警惕性很高，网络不安全的因素很多。作为一个有社会责任感的企业家，用一颗真诚之心面对千万信任你的用户，是对他们最好的回报。对企业而言，用户才是带来效益的根本，最重要的是保留住客户的信任。只有一心为用户，才会建立长久的关系，才能持续地带来经济效益。付出的心意以另一种形式悉数回报，企业的员工就会干劲十足。

（六）经典语句 50 条

（1）我永远相信，只要永不放弃，我们还是有机会的。最后，我们还是坚信一点，这世界上只要有梦想，只要不断努力，只要不断学习，不管你长得如何，不管是这样，还是那样，男人的长相往往和他的的才华成反比。今天很残酷，明天更残酷，后天很美好，但绝大部分死在明天晚上，所以每个人不要放弃今天。

（2）我既要扔鞭炮，又要扔炸弹。扔鞭炮是为了吸引别人的注意，迷惑敌人；扔炸弹才是我真正的目的。不过，我可不会告诉你我什么时候扔鞭炮，什么时候扔炸弹。游戏就是要虚虚实实，这样才开心。如果你在游戏中感到很痛苦，那说明你的玩法选错了。

（3）那些私下忠告我们、指出我们错误的人，才是真正的朋友。

（4）注重自己的名声，努力工作、与人为善、遵守诺言，这样对你们的事业非常有帮助。

（5）永远不要跟别人比幸运。我从来没想过我比别人幸运，我也许比他们更有毅力，在最困难的时候，他们熬不住了，我可以多熬一秒钟、两秒钟。

（6）看见 10 只兔子，你到底抓哪一只？有些人一会儿抓这个兔子，一会儿抓那个兔子，最后可能一只也抓不住。CEO 的主要任务不是寻找机会而是对机会说 NO。机会太多，只能抓一个。我只能抓一只兔子，抓多了，什么都会丢掉。

（7）我现在最欣赏两句话，一句是二战时丘吉尔先生对遭受重创的英国公众讲的话："Never never never give up！"（永不放弃！）另一句就是："满怀信心地上路，远胜过到达目的地。"

（8）网络公司将来要判断两个：第一它的 team（团队）；第二，它有 technology（科技）；第三它的 concept（观念），才是存在的必要。

（9）判断一个人，一个公司是不是优秀，不要看他是不是哈佛大学的，是不是斯坦福大学的不要判断里面有多少名牌大学毕业生，而要 judge 这帮人干活是不是发疯一样干，看他每天下班是不是笑眯眯的回家。

（10）30％的人永远不可能相信你。不要让你的同事为你干活，而让我们的同事为我们的目标干活，共同努力，团结在一个共同的目标下面，就要比团结在你一个企业家底下容易得多。所以首先要说服大家认同共同的理想，而不是让大家来为你干活。

（11）我认为，员工第一，客户第二。没有他们，就没有这个网站。也只有他们开心了，我们的客户才会开心。而客户们那些鼓励的话，又会让他们像发疯一样去工作，这也使得我们的网站不断地发展。

（12）我们公司是每半年一次评估，评下来，虽然你的工作很努力，也很出色，但你就是最后一个，非常对不起，你就得离开。在两个人和两百人之间，我只能选择对两个人残酷。

（13）问：您能用一句话概括您认为员工应该具备的基本素质吗？答：今天我们要求阿里巴巴的员工诚信，学习能力，乐观精神，和拥抱变化的态度！

（14）在前一百米的冲刺中，谁都不是对手，是因为跑的三千米的长跑。你跑着跑着，跑了四五百米后才能拉开距离。

（15）我们与竞争对手最大的区别就是我们知道他们要做什

么，而他们不知道我们想做什么。我们想做什么，没有必要让所有人知道。

（16）网络上面就一句话，光脚的永远不怕穿鞋的。

（17）我觉得网络公司一定会犯错误，而且必须犯错误。网络公司最大的错误就是停在原地不动，最大的错误就是不犯错误。关键在于总结我们反思各种各样的错误，为明天跑得更好，错误还得犯，关键是不要犯同样的错误。我们是教人钓鱼，而不是给人鱼。

（18）企业家是在现在的环境，改善这个环境，光投诉，光抱怨有什么用呢，国家现在要处理的事情太多了，失败只能怪你自己，要么大家都失败，现在有人成功了，而你失败了，就只能怪自己。就是一句话，哪怕你运气不好，也是你不对。

（19）中国电子商务的人必须站起来走路，而不是老是手拉手。老是手拉着手要完蛋。

（20）我是说阿里巴巴发现了金矿，那我们绝对不让自己去挖。我们希望别人去挖，他挖了金矿给我一块就可以了。

（21）我深信不疑，我们的模式会赚钱的，亚马逊是世界上最长的河，8848是世界上最高的山，阿里巴巴是世界上最富有的宝藏。一个好的企业靠输血是活不久的，关键是自己造血。

（22）互联网是影响人类未来生活30年的3000米长跑，你必须跑得像兔子一样快，又要像乌龟一样耐跑。

（23）我为什么能活下来，第一是由于我没有钱，第二是我对 INTERNET 一点不懂，第三是我想得像傻瓜一样。

（24）听说过捕龙虾富的，没听说过捕鲸富的。

（25）我们不能企求于灵感。灵感说来就来，就像段誉的六脉神剑一样。阿里巴巴的六脉神剑就是阿里巴巴的价值观：诚信、敬业、激情、拥抱变化、团队合作、客户第一。

（26）在我看来有三种人，生意人：创造钱；商人：有所为，有所不为；企业家：为社会承担责任。企业家应该为社会创造环境。企业家要有创新的精神。

（27）对所有创业者来说，永远告诉自己一句话：从创业的第一天起，你每天要面对的是困难和失败，而不是成功。我最困难的时候还没有到，但有一天一定会到。困难不是不能躲避，不能让别人替你去扛。9 年创业的经验告诉我，任何困难都必须你自己去面对。创业者就是面对困难。

（28）ebay 是大海里的鲨鱼，淘宝则是长江里的鳄鱼，鳄鱼在大海里与鲨鱼搏斗，结果可想而知，我们要把鲨鱼引到长江里来。

（29）一个公司在两种情况下最容易犯错误，第一是有太多的赚钱的时候，第二是面对太多的机会。一个 CEO 看到的不应该是机会，因为机会无处不在，一个 CEO 更应该看到灾难，并把灾难扼杀在摇篮里。

（30）淘宝网的主业决不该放在与对手的竞争上，而是把眼睛盯在提升客户体验上。

（31）上世纪 80 年代挣钱靠勇气，90 年代靠关系，现在必须靠知识能力！

（32）做企业不是做侠客。

（33）天不怕，地不怕，就怕 CFO 当 CEO。

（34）永远要相信边上的人比你聪明。

（35）五年以后还想创业，你再创业。

（36）上当不是别人太狡猾，而是自己太贪，是因为自己贪才会上当。

（37）一个一流的创意，三流的执行，我宁可喜欢一个一流的执行，三流的创意。

（38）最优秀的模式往往是最简单的东西。

（39）创业者书读得不多没关系，就怕不在社会上读书。

（40）在今天的商场上已经没有秘密可言了，秘密不是你的核心竞争力。

（41）很多人失败的原因不是钱太少，而是钱太多。

（42）概念到今天这个时代已经不能卖钱了。

（43）创业者光有激情和创新精神是不够的，它需要很好的体系、制度、团队以及良好的盈利模式。

（44）这个世界不是因为你能做什么，而是你该做什么。

（45）你的项目感觉是一个生意，不是一个独特的企业。

（46）建一个公司的时候要考虑有好的价值才卖。如果一开始想到卖，你的路可能就走偏了。

（47）人要有专注的东西，人一辈子走下去挑战会更多，你天天换，我就怕了你。

（48）要找风险投资的时候，必须跟风险投资共担风险，你拿到的可能性会更大。

（49）一个好的东西往往是说不清楚的，说得清楚的往往不是好东西。

（50）如果你看了很多书，千万别告诉别人，告诉别人别人就会不断考你。

马云的成功经验并不适用于每一个人，但是其中最基本的却适用于任何人，在任何时间都会奏效。也许人们读完一本书只是为了寻找那里面写的"成功者的捷径"，但是很遗憾地告诉这些人，其实成功永远都没有捷径，只有不断学习进步，具备了成功者的素质，始终信念坚定的一步步坚持下去，才会有成功的可能。所有的投机取巧、损人利己，都只会带来蝇头小利；所有的心血来潮、随随便便都像是过家家一样不能长久。只有经得起波澜的小船，才会在风平浪静后欣赏到美丽的。

第八章　苹果公司创始人
——史蒂夫·乔布斯

（一）"苹果"时代

现在我们口中常常提到的"苹果"，已经不再是普通意义上的水果——苹果，而是当下最流行的电子产品。苹果公司（Apple Inc.）是美国的一家高科技公司。2007 年由苹果电脑公司（Apple Computer, Inc.）更名而来，核心业务为电子科技产品，总部位于加利福尼亚州的库比蒂诺。苹果公司由史蒂夫·乔布斯、斯蒂夫·沃兹尼亚克和罗韦恩在 1976 年 4 月 1 日创立，在高科技企业中以创新而闻名，知名的产品有 Apple II、Macintosh 电脑、Macbook 笔记本电脑、iPod 音乐播放器、iTunes 商店、iMac 一体机、iPhone 手机和 iPad 平板电脑等。我们已经完全进入了"I"时代。2012 年 8 月 21 日，苹果成为世界市值第一的上市公司。

（二）苹果创始人——乔布斯

史蒂夫·乔布斯（1955—2011），发明家、企业家、美国苹果公司联合创办人、前行政总裁。1976年乔布斯和朋友成立苹果电脑公司。他陪伴了苹果公司数十年的起落与复兴，先后领导和推出了麦金塔计算机、iMac、iPod、iPhone等风靡全球亿万人的电子产品，深刻地改变了现代通讯、娱乐乃至生活的方式。2011年10月5日他因病逝世，享年56岁。乔布斯是改变世界的天才，他凭敏锐的触觉和过人的智慧，勇于变革，不断创新，引领全球资讯科技和电子产品的潮流，把电脑和电子产品变得简约化、平民化，让曾经是昂贵稀罕的电子产品变为现代人生活的一部分。

个人生平

苹果诞生

1955年2月24日，史蒂夫·乔布斯出生在美国旧金山。刚刚出生，就被在美国旧金山一家餐馆打工的父亲与潇洒派的酒吧管理员的母亲遗弃了。幸运的是，一对好心的夫妻收留了他。

虽然是养子，但养父母却对他很好，如同亲子。学生时代的乔布斯聪明、顽皮、肆无忌惮，常常喜欢别出心裁地搞出一些令人啼笑皆非的恶作剧。不过，他的学习成绩倒是十分出众的。

当时，乔布斯就生活在后来著名的"硅谷"附近，邻居都是"硅谷"元老——惠普公司的职员。

在这些人的影响下，乔布斯从小就很迷恋电子学。一个惠普的工程师看他如此痴迷，就推荐他参加惠普公司的"发现者俱乐部"。这是个专门为年轻工程师举办的聚会，每星期二晚上在公司的餐厅中举行。就在一次聚会中，乔布斯第一次见到了电脑，他开始对计算机有了一个朦胧的认识。

在上初中时（1976 年），乔布斯在一次同学聚会上，与斯蒂夫·沃兹尼亚克（Steve Wozniak）见面，两人一见如故。斯蒂夫·沃兹尼亚克是学校电子俱乐部的会长，对电子有很大的兴趣。

19 岁那年，乔布斯只念一学期就因为经济因素而休学，成为雅达利电视游戏机公司的一名职员。借住朋友家（沃兹家）的车库，常到社区大学旁听书法课等课程。1974 年，他赚钱往印度灵修，吃尽苦头，只好重新返回雅达利公司做了一名工程师。

安定下来之后，乔布斯继续自己年少时的兴趣，常常与沃兹尼亚克一道，在自家的小车库里琢磨电脑。他们梦想着能够拥有一台自己的计算机，可是当时市面上卖的都是商用的，且体积庞大，极其昂贵，于是他们准备自己开发。制造个人电脑必需部件就是微处理器，可是当时的8080芯片零售价要270美元，并且不出售给个人。

两个人不灰心，仍继续寻找，终于在1976年度旧金山威斯康星计算机产品展销会上买到了。

摩托罗拉公司出品的6502芯片，功能与英特尔公司的8080相差无几，但价格只要20美元。

带着6502芯片，两个狂喜的年轻人回到乔布斯的车库，开始了自己伟大的创新。他们设计了一个电路板，将6502微处理器和接口及其他一些部件安装在上面，通过接口将微处理机与键盘、视频显示器连接在一起，仅仅几个星期，电脑就装好了。

乔布斯的朋友都震惊了，但他们都没意识到，这个其貌不扬的东西，会给以后的世界带来多大的影响。但是精明的乔布斯立即估量出这种电脑的市场价值所在。为筹集批量生产的资金，他卖掉了自己的大众牌小汽车，同时沃兹也卖掉了他珍爱的惠普65型计算器。就这样，他们有了奠基伟业的1300美元。

1976年4月1日那天，乔布斯、沃兹及乔布斯的朋友龙·

韦恩（Long Wayne）做了一件影响后世的事情：他们三人签署了一份合同，决定成立一家电脑公司。随后，21 岁的乔布斯与26 岁的斯蒂夫·沃兹尼亚克在自家的车房里成立了苹果公司。公司的名称由偏爱苹果的乔布斯一锤定音——称为苹果。后来流传开来的就是那个著名的商标——一只被人咬了一口的苹果。而他们的自制电脑则被顺理成章地追认为"苹果 I 号"电脑了。

早期发展

但在开始的时候，"苹果"机的生意却很清淡，毕竟它是一个全新的东西，除了对电子感兴趣的人，谁知道这个东西会有什么用处，而原先对"苹果 I 号"感兴趣的朋友们开始持观望态度，等待更好的"苹果 II 号"的出台。

一个偶然的机遇给"苹果"公司带来了转机。

1976 年 7 月，零售商保罗·特雷尔（Paul Jay Terrell）来到了乔布斯的车库。当看完乔布斯熟练地演示电脑后，他认为"苹果"机大有前途，决意冒一次风险——订购 50 台整机，但要求一个月内交货。乔布斯喜出望外，立即签约，拍板成交，这可是做成的第一笔"大生意"。

时间太仓促，任务又繁重，乔布斯和沃兹冒着酷暑，没日没夜地干了起来，为了公司的生存，他们豁出去了。他们每天几乎都在挥汗如雨、顽强拼搏中度过，每周工作 66 小时，终于在第 29 天他们奇迹般地完成了任务，把 50 台"苹果"电脑如数交给了商人特雷尔。

50 台整机在特雷尔手里很快销售一空；"苹果"公司名声顿时大振。于是，开始了小批量生产。乔布斯和沃兹开始意识到，他们的小资本根本不足以应付这急速的发展。乔布斯后来回忆道："大约是在 1976 年秋，我发现市场的增长比我们想象的还快，我们需要更多的钱。"为此，他们分头去找资金支持，包括沃兹就职的公司惠普，但遗憾的是，这些公司都没意识到这其中蕴藏的商机和市场。

机遇往往垂青努力的人。1976 年 10 月，百万富翁马尔库拉慕名前来拜访沃兹和他们的车库工场。马尔库拉是位训练有素的电气工程师，且十分擅长推销工作，被人们称为推销奇才。由于在股票生意上发了财，他很早就选择了退休的生活。但看到这两个年轻人的新产品，马尔库拉决心重操旧业，帮助他们把公司大张旗鼓地办起来。他主动帮助他们制订一份商业计划，给他们贷款 69 万美元，将自己的命运与两个年轻人联系在一起。有了马尔库拉这样行家里手的指导，有了这笔巨资，"苹果"公司的发展速度大大加快了。

1977 年 4 月，美国有史以来的第一次计算机展览会在西海岸开幕了。为了在展览会上打出名声，乔布斯四处奔走，花费巨资，在展览会上弄到了最大最好的摊位。更引人注目的当然是"苹果Ⅱ号"样机，它一改过去个人电脑沉重粗笨、设计复杂、难以操作的形象，以小巧轻便、操作简便和可以安放在家中使用等鲜明特点，紧紧抓住了观众的心。它只有12磅重，仅用10只螺钉组装，塑胶外壳美观大方，看上去就像一部漂亮的打字机。人们都不敢相信这部小机器竟能在大荧光屏上连续显示出壮观的、如同万花筒般的各种色彩。"苹果Ⅱ号"机在展览会上一鸣惊人，几千名用户拥向展台，观看、试用，订单纷纷而来。

1980年，《华尔街日报》的全页广告写着"苹果电脑就是21世纪人类的自行车"，并登有乔布斯的巨幅照片。

1980年12月12日，苹果公司股票公开上市。在不到一个小时内，460万股全被抢购一空，当日以每股29美元收市。按这个收盘价计算，苹果公司高层产生了4名亿万富翁和40名以上的百万富翁。乔布斯作为公司创办人当然是排名第一。

1983年，Lisa数据库和Apple Iie发布，售价分别为9998美元和1395美元。苹果公司成为历史上发展最快的公司。但是Lisa的发布预示了苹果的没落，一台不合实际、连美国人都嫌贵的电脑是没有多少市场的，而Lisa又侵吞了苹果公司大量研发经费。可以说苹果兴起之时就是其没落开始之时。

因为巨大的成功，乔布斯在1985年获得了由里根总统授予的国家级技术勋章。然而，成功来得太快，过多的荣誉背后是强烈的危机。

由于乔布斯经营理念与当时大多数管理人员不同，加上蓝色巨人 IBM 公司开始醒悟过来，也推出了个人电脑，抢占大片市场，使得乔布斯新开发出的电脑节节惨败。总经理和董事们便把这一失败归罪于董事长乔布斯，于 1985 年 4 月经由董事会决议撤销了他的经营大权。乔布斯几次想夺回权力均未成功，便在 1985 年 9 月 17 日愤而辞去苹果公司董事长。

史蒂夫的出走，使他更加意识到自己的错误，吸收教训，也为今后重回苹果公司并拯救它做好准备。辞职几天后，乔布斯又创办了"NEXT"电脑公司，继续开始他的事业之旅。

独立时期

1986 年他花 1000 万美元，从乔治·卢卡斯手中收购了卢卡斯影业旗下位于加利福尼亚州埃默里维尔的电脑动画效果工作室，并成立独立公司皮克斯动画工作室。在之后 10 年，该公司成为了众所周知的 3D 电脑动画公司，并在 1995 年推出全球首部全 3D 立体动画电影《玩具总动员》。这公司已在 2006 年被迪士尼收购，乔布斯也因此成为最大股东。

回归苹果

1996 年 12 月 17 日，全球各大计算机报刊几乎都在头版刊出了"苹果收购 Next，乔布斯重回苹果"的消息。此时的乔布斯，正因其公司（现皮克斯）成功制作第一部电脑动画片《玩具总动员》而名声大振，个人身价已暴涨逾 10 亿美元；而相比之下，苹果公司却濒临绝境。乔布斯于苹果危难之中重新归来。苹果公司上下皆十分欢欣鼓舞。就连前行政总裁阿梅利奥也在迎接乔布斯的欢迎词中说："我们以最隆重的仪式欢迎我们最伟大的天才归来，我们相信，他会让世人相信苹果电脑是信息业中永远的创新者。"乔布斯重归故里，心中牵系"大事业"的梦想。他向苹果电脑的追随者们说："我始终对苹果一往情深，能再次为苹果的未来设计蓝图，我感到莫大荣幸。"这个曾经的英雄终于在众望所归下重新归来了！

改革时期

受命于危难之际

乔布斯果敢地发挥了行政总裁的权威，大刀阔斧地进行改革。他首先改组了董事会，然后又做出一件令人们瞠目结舌的大事——抛弃旧怨，与苹果公司的宿敌微软公司握手言欢，缔结了举世瞩目的"世纪之盟"，达成战略性的全面交叉授权协议。

乔布斯因此再度成为《时代》周刊的封面人物。

接着，他开始推出了新的电脑。

1998 年，iMac 背负着苹果公司的希望，凝结着员工的汗水，寄托着乔布斯振兴苹果的梦想，呈世人面前。它是一个全新的电脑，代表着一种未来的理念。半透明的外装，一扫电脑灰褐色的千篇一律的单调，似太空时代的产物，加上发光的鼠标，以及 1299 美元的价格标签，令人赏心悦目。不愧是苹果设计的，标新立异，非同凡响。

为了宣传，乔布斯把笛卡尔的名言"我思故我在"变成了 iMac 的广告文案 I think，therefore iMac！由此成了广告业的经典案例。

新产品重新点燃了苹果机拥戴者们的希望。iMac 成了当年最热门的话题。

1998 年 12 月，iMac 荣获《时代》杂志"1998 最佳电脑"称号，并名列"1998 年度全球十大工业设计"第三名。

1999 年乔布斯又推出了第二代 iMac，有着红、黄、蓝、绿、紫五种水果颜色的款式供选择，一面市就受到用户的热烈欢迎。

1999 年 7 月推出的外形蓝黄相间，像漂亮玩具一样的笔记本电脑 iBook 在市场上迅即受到用户追捧。iBook 融合了 iMac 独特的时尚风格、最新无线网络功能（WLAN）与苹果电脑在便携电脑领域的全部优势，是专为家庭和学校用户设计的"可移动 iMac"。

1999 年 10 月 iBook 夺得"美国消费类便携电脑"市场第一名，还在《时代》杂志举行的"1999 年度世界之最"评选中，荣获"年度最佳设计奖"。

在乔布斯的改革之下，"苹果"终于实现盈利。乔布斯刚上任时，苹果公司的亏损高达 10 亿美元，一年后却奇迹般地盈利 3.09 亿美元。

1999 年 1 月，当乔布斯宣布第四财政季度盈利 1.52 亿美元，超出华尔街的预测 38% 时，苹果公司的股价立即攀升，最后以每股 4.65 美元收盘。舆论哗然。苹果电脑在 PC 市场的占有率已由原来的 5% 增加到 10%。

1997 年，乔布斯被评为"最成功的管理者"。越来越多的业界同仁认同此观点。甚至连当初将乔布斯挤出苹果公司的斯卡利也情不自禁地赞叹："苹果的逆转不是骗局，乔布斯干得绝对出色。苹果又开始回到原来的轨道。"

但是，苹果已经无法挽回通用电脑竞争上的败局。

乔布斯成为一个奇迹，但这个奇迹还将继续进行下去。他总是给人以不断的惊喜，无论是开始还是后来，他天才的电脑天赋；平易近人的处世风格；绝妙的创意脑筋；伟大的目标；处变不惊的领导风范筑就了苹果企业文化的核心内容，苹果公司的雇员对他的崇敬简直就是一种宗教般的狂热。

雇员甚至对外面的人说：我为乔布斯工作（I work for Jobs）！

2003 年，人们预言，乔布斯将第三次登上《时代》杂志封面。

宣布辞职

2011 年 8 月 24 日，史蒂夫·乔布斯向苹果董事会提交辞职申请。他还在辞职信中建议由首席营运长蒂姆·库克接替他的职位。乔布斯在辞职信中表示，自己无法继续担任行政总裁，不过自己愿意担任公司董事长、董事或普通职员。苹果公司股票暂停盘后交易。乔布斯在信中并没有指明辞职原因，但他一直都在与胰腺癌作斗争。2011 年 8 月 25 日，苹果宣布他辞职，并立即生效，职位由蒂姆·库克接任。同时苹果宣布任命史蒂夫·乔布斯为公司董事长，蒂姆·库克担任董事。

（三）史蒂夫乔布斯在斯坦福大学的演讲

我今天很荣幸能和你们一起参加毕业典礼。斯坦福大学是世界上最好的大学之一。我从来没有从大学中毕业。说实话，今天也许是在我的生命中离大学毕业最近的一天了。今天我想向你们讲述我生活中的三个故事。不是什么大不了的事情，只是三个故事而已。

第一个故事是关于如何把生命中的点点滴滴串连起来。

我在里德大学读了六个月之后就退学了，但是在十八个月以后——我真正的作出退学决定之前，我还经常去学校。我为什么要退学呢？

故事从我出生的时候讲起。我的亲生母亲是一个年轻的没有结婚的大学毕业生。她决定让别人收养我，她十分想让我被大学毕业生收养。所以在我出生的时候，她已经做好了一切的准备工作，能使得我被一个律师和他的妻子所收养。但是她没有料到，当我出生之后，律师夫妇突然决定他们想要一个女孩。所以我的生养父母（他们还在我亲生父母的观察名单上）突然在半夜接到了一个电话："我们现在这儿有一个不小心生出来的男婴，你们想要他吗？"他们回答道："当然！"但是我亲生母亲随后发现，我的养母从来没有上过大学，我的父亲甚至从没有读过高中。她拒绝签这个收养合同。只是在几个月以后，我的父母答应她一定要让我上大学，那个时候她才同意。

在17岁那年，我真的上了大学。但是我很愚蠢的选择了一个几乎和你们斯坦福大学一样贵的学校。我父母还处于蓝领阶层，他们几乎把所有积蓄都花在了我的学费上面。在六个月后，我已经看不到其中的价值所在。我不知道我想要在生命中做什么，我也不知道大学能帮助我找到怎样的答案。但是在这里，我几乎花光了我父母这一辈子的所有积蓄。所以我决定要退学，我觉得这是个正确的决定。不能否认，我当时确实非常的害怕，但是现在回头看看，那的确是我这一生中最棒的一个决定。在我做出退学决定的那一刻，我终于可以不必去读那些令我提不起丝毫兴趣的课程了。然后我还可以去修那些看起来有点意思的课程。

但是这并不是那么罗曼蒂克。我失去了我的宿舍，所以我只能在朋友房间的地板上面睡觉，我去捡 5 美分的可乐瓶子，仅仅为了填饱肚子。在星期天的晚上，我需要走七英里的路程，穿过这个城市到 Hare Krishna 寺庙（注：位于纽约 Brooklyn 下城），只是为了能吃上饭——这个星期唯一一顿好一点的饭。但是我喜欢这样。

我跟着我的直觉和好奇心走，遇到的很多东西，此后被证明是无价之宝。让我给你们举一个例子吧：

里德大学在那时提供也许是全美最好的美术字课程。在这个大学里面的每个海报，每个抽屉的标签上面全都是漂亮的美术字。因为我退学了，没有受到正规的训练，所以我决定去参加这个课程，去学学怎样写出漂亮的美术字。我学到了无衬线字体和衬线字体，我学会了怎样在不同的字母组合之中改变空格的长度，还有怎么样才能作出最棒的印刷式样。那是一种科学永远不能捕捉到的美丽的真实的艺术精妙。我发现那实在是太美妙了。

当时看起来这些东西在我的生命中，好像都没有什么实际应用的可能。但是 10 年之后，当我们在设计第一台麦金托什机电脑的时候，就不是那样了。我把当时我学的那些家伙全都设计进了麦金托什机。那是第一台使用了漂亮的印刷字体的电脑。如果我当时没有退学，就不会有机会去参加这个我感兴趣的美术字课程，麦金托什机就不会有这么多丰富的字体，以及赏心悦目的字体间距。那么现在个人电脑就不会有现在这么美妙的字型了。

当然我在大学的时候，还不可能把从前的点点滴滴串连起来，但是当我 10 年后回顾这一切的时候，真的豁然开朗了。

再次说明的是，你在向前展望的时候不可能将这些片断串连起来；你只能在回顾的时候将点点滴滴串连起来。所以你必须相信这些片断会在你未来的某一天串连起来。你必须要相信某些东西：你的勇气、目的、生命、因缘。这个过程从来没有令我失望，只是让我的生命更加地与众不同而已。

我的第二个故事是关于爱和损失的。

我非常幸运，因为我在很早的时候就找到了我钟爱的东西。Woz 和我在 20 岁的时候就在父母的车库里面开创了苹果公司。

我们工作得很努力，10 年之后，这个公司从那两个车库中的穷光蛋发展到了超过 4000 千名的雇员、价值超过 20 亿的大公司。在公司成立的第九年，我们刚刚发布了最好的产品，那就是麦金托什机。我也快要到 30 岁了。在那一年，我被炒了鱿鱼。你怎么可能被你自己创立的公司炒了鱿鱼呢？嗯，在苹果快速成长的时候，我们雇用了一个很有天分的家伙和我一起管理这个公司。在最初的几年，公司运转得很好。但是后来我们对未来的看法发生了分歧，最终我们吵了起来。当争吵不可开交的时候，董事会站在了他的那一边。所以在 30 岁的时候，我被炒了。在这么多人的眼皮下我被炒了。在而立之年，我生命的全部支柱离自己远去。这真是毁灭性的打击。

在最初的几个月里，我真是不知道该做些什么。我把从前的创业激情给丢了，我觉得自己让与我一同创业的人都很沮丧。我和 David Pack 和 Bob Boyce 见面，并试图向他们道歉。我把事情弄得糟糕透顶了。但是我渐渐发现了曙光，我仍然喜爱我从事的这些东西。苹果公司发生的这些事情丝毫的没有改变这些，一点也没有。我被驱逐了，但是我仍然钟爱它。所以我决定从头再来。

我当时没有觉察，但是事后证明，从苹果公司被炒是我这辈子发生的最棒的事情。因为，作为一个成功者的感觉被作为一个创业者的轻松感觉所重新代替：对任何事情都不那么特别看重。这让我觉得如此自由，进入了我生命中最有创造力的一个阶段。

在接下来的 5 年里，我创立了一个名叫 NEXT 的公司，还有一个叫皮克斯的公司，然后和一个后来成为我妻子的优雅女人相识。皮克斯制作了世界上第一个用电脑制作的动画电影——《玩具总动员》，皮克斯现在也是世界上最成功的电脑制作工作室。在后来的一系列运转中，苹果收购了 NEXT，然后我又回到了苹果公司。我们在 NEXT 发展的技术在苹果的复兴之中发挥了关键的作用。我还和劳伦斯一起建立了一个幸福的家庭。

我可以非常肯定，如果我不被苹果开除的话，这其中一件事情也不会发生的。这个良药的味道实在是太苦了，但是我想病人需要这个药。有些时候，生活会拿起一块砖头向你的脑袋上猛拍一下。不要失去信心。我很清楚唯一使我一直走下去的，就是我做的事情令我无比钟爱。你需要去找到你所爱的东西。对于工作是如此，对于你的爱人也是如此。你的工作将会占据生活中很大的一部分。你只有相信自己所做的是伟大的工作，你才能怡然自得。如果你现在还没有找到，那么，继续找，不要停下来，要全心全意的去找。当你找到的时候，你就会知道，就像任何真诚的关系，随着岁月的流逝只会越来越紧密。所以继续找，直到你找到它，不要停下来！

我的第三个故事是关于死亡的。

当我 17 岁的时候，我读到了一句话："如果你把每一天都当作生命中最后一天去生活的话，那么有一天你会发现你是正确的。"这句话给我留下了深刻的印象。从那时开始，过了 33 年，我在每天早晨都会对着镜子问自己："如果今天是我生命中的最后一天，你会不会完成你今天想做的事情呢？"当答案连续很多次被给予"不是"的时候，我知道自己需要改变某些事情了。

"记住你即将死去"是我一生中遇到的最重要箴言。它帮我指明了生命中重要的选择。因为几乎所有的事情，包括所有的荣誉、所有的骄傲、所有对难堪和失败的恐惧，这些在死亡面前都会消失。我看到的是留下的真正重要的东西。你有时候会思考你将会失去某些东西，"记住你即将死去"是我知道的避免这些想法的最好办法。你已经赤身裸体了，你没有理由不去跟随自己的心一起跳动。

大概 1 年以前，我被诊断出癌症。我在早晨七点半做了一个检查，检查清楚地显示在我的胰腺有一个肿瘤。我当时都不知道胰腺是什么东西。医生告诉我那很可能是一种无法治愈的癌症，我还有三到六个月的时间活在这个世界上。我的医生叫我回家，然后整理好我的一切，那就是医生准备死亡的程序。那意味着你将要把未来 10 年对你小孩说的话在几个月里面说完；那意味着把每件事情都搞定，让你的家人会尽可能轻松的生活；那意味着你要说"再见了"。

我整天和那个诊断书一起生活。后来有一天早上我作了一个活切片检查，医生将一个内窥镜从我的喉咙伸进去，通过我的胃，然后进入我的肠子，用一根针在我的胰腺上的肿瘤上取了几个细胞。我当时很镇静，因为我被注射了镇定剂。但是我的妻子在那里，后来告诉我，当医生在显微镜地下观察这些细胞的时候他们开始尖叫，因为这些细胞最后竟然是一种非常罕见的可以用手术治愈的胰腺癌症。我做了这个手术，现在我痊愈了。

那是我最接近死亡的时候，我还希望这也是以后的几十年最接近的一次。从死亡线上又活了过来。死亡对我来说，只是一个有用但是纯粹是知识上的概念的时候，我可以更肯定一点地对你们说：没有人愿意死，即使人们想上天堂，人们也不会为了去那里而死。但是死亡是我们每个人共同的终点。从来没有人能够逃脱它。也应该如此。因为死亡就是生命中最好的一个发明。它将旧的清除以便给新的让路。你们现在是新的，但是从现在开始不久以后，你们将会逐渐地变成旧的然后被清除。我很抱歉，这太有戏剧性了，但是这十分的真实。

你们的时间很有限，所以不要将他们浪费在重复其他人的生活上。不要被教条束缚，那意味着你和其他人思考的结果一起生活。不要被其他人喧嚣的观点掩盖你真正的内心的声音。

还有最重要的是，你要有勇气去听从你直觉和心灵的指示——
它们在某种程度上知道你想要成为什么样子，所有其他的事情
都是次要的。

当我年轻的时候，有一本叫做《整个地球的目录》振聋发
聩的杂志，它是我们那一代人的圣经之一。它是一个叫斯图尔
特·布兰德的家伙在离这里不远的门洛帕克书写的，他像诗一
般神奇地将这本书带到了这个世界。那是 20 世纪 60 年代后期，
在个人电脑出现之前，所以这本书全部是用打字机、、剪刀还有
偏光镜制造的。有点像用软皮包装的谷歌，在谷歌出现 35 年之
前：这是理想主义的，其中有许多灵巧的工具和伟大的想法。

Stewart 和他的伙伴出版了几期的《整个地球的目录》。当它
完成了自己使命的时候，他们做出了最后一期的目录。那是在
70 年代的中期，你们的时代。在最后一期的封底上是清晨乡村
公路的照片（如果你有冒险精神的话，你可以自己找到这条路
的），在照片之下有这样一段话："求知若饥，虚心若愚。"这是
他们停止了发刊的告别语。"求知若饥，虚心若愚。"我总是希
望自己能够那样。现在，在你们即将毕业，开始新的旅程的时
候，我也希望你们能这样。

（四）乔布斯十大经典语录

美国苹果公司 5 日晚宣布，该公司创始人之一及前首席执行官史蒂夫·乔布斯于周三去世，终年 56 岁。过去一年来，乔布斯一直在与胰腺癌及其他病症作斗争。2011 年 8 月他辞去苹果公司首席执行官职务。乔布斯任职期间，苹果公司成为美国最具价值的企业。他改变了这个世界，让我们的生活因现代科技充满了更多可能。

（1）活着就是为了改变世界，难道还有其他原因吗？

（2）成为卓越的代名词，很多人并不能适合需要杰出素质的环境。

（3）领袖和跟风者的区别就在于创新。

（4）并不是每个人都需要种植自己的粮食，也不是每个人都需要做自己穿的衣服，我们说着别人发明的语言，使用别人发明的数学……我们一直在使用别人的成果。使用人类的已有经验和知识来进行发明创造是一件很了不起的事情。"

（5）佛教中有一句话：初学者的心态；拥有初学者的心态是件了不起的事情。

（6）我们认为看电视的时候，人的大脑基本停止工作。打开电脑的时候，大脑才开始运转。

（7）我是我所知道的唯一一个在一年中失去2. 5亿美元的人。这对我的成长很有帮助。

（8）我愿意用我所有的科技去换取和苏格拉底相处的一个下午。

（9）成就一番伟业的唯一途径就是热爱自己的事业。如果你还没能找到让自己热爱的事业，继续寻找，不要放弃。跟随自己的心，总有一天你会找到的。

（10）你的时间有限，所以不要为别人而活。不要被教条所限，不要活在别人的观念里。不要让别人的意见左右自己内心的声音。最重要的是，勇敢的去追随自己的心灵和直觉，只有自己的心灵和直觉才知道你自己的真实想法，其他一切都是次要的。

第九章　人文主义文学的杰出代表
——莎士比亚

（一）　威廉·莎士比亚

威廉·莎士比亚（William Shakespeare，1564—1616），英国文艺复兴时期杰出的戏剧家，诗人。1564年出生于一个富商家庭。他曾经在"文法学校"读书，后因父亲破产，中途辍学。21岁时到伦敦剧院工作，很快就登台演戏，并开始创作剧本和诗歌。他创作的大部分是诗剧，主要作品有《李尔王》《哈姆雷特》《奥赛罗》《罗密欧与朱丽叶》《威尼斯商人》等。他的作品是人文主义文学的杰出代表，在世界文学史上占有极重要的地位。

他不但创作了许多催人泪下的悲剧，他的很多出喜剧也是在英国舞台上曾经上演过的所有戏剧中最引人发笑的。此外他还写过 154 首十四行诗，和几首长诗，这些诗歌不只是单纯的叙述，而能触及人类本性中最深层的部分，因此被很多人认为是英国文学史上的佳作。一般认为，莎士比亚的创作高峰期是在 1585 年到 1610 年这段时间内，但是确切的日期我们已经无法知晓。

（二）传奇的一生

教育背景

伟大的英国文艺复兴时期戏剧家、诗人威廉·莎士比亚于 1564 年 4 月 23 日生于英国中部瓦维克郡埃文河畔斯特拉特福的一位富裕的市民家庭。其父约翰·莎士比亚是经营羊毛、皮革制造及谷物生意的杂货商，1565 年任镇民政官，3 年后被选为镇长。莎士比亚 7 岁时被送到当地的一个文法学校念书，在那里一念就是 6 年，掌握了写作的基本技巧与较丰富的知识，除此之外，他还学过拉丁语和希腊语。

有两件事情极有可能对年少的威廉产生过不小的影响。11 岁时，伊丽莎白女王一世曾在大批随从的簇拥下巡行到英国中部。那宏大的场面，那种群情激奋，让他一生都迷恋于王者的超凡魅力，以至于他写作中的大部分时间都在想象国王、贵族、绅士的生活，沉醉在对特权的甜蜜期待中。

在他快满13岁时，家道开始中落。复兴之梦毕生萦绕着莎士比亚，他在剧中一再表现出对收复失去的财产、头衔和身份的强烈渴望。

但因他的父亲破产，未能毕业就走上独自谋生之路。1577年被父亲从学校接回，不得已帮他父亲做了一段时间的生意。他当过肉店学徒，也曾在乡村学校教过书，还干过其他各种职业，这使他增长了许多社会阅历。

我们完全有理由相信莎士比亚读书时就卓尔不凡，与众不同。有传言说他曾在一个叫托马斯·露西的富裕财主兼地方行政长官的土地上偷猎，结果被露西的管家发现，他为此挨了揍。莎士比亚出于报复，就写了一首讥讽大财主的打油诗。这首诗没过多久便传遍了整个乡村。大财主无论走到哪里，总有人用这首打油诗来嘲笑他。托马斯乡绅非常恼火，于是准备想办法惩罚莎士比亚。莎士比亚因此被迫离开斯特拉福德小镇，到伦敦避难。

剧团经历

莎士比亚还在斯特拉福德小镇居住时，就对戏剧表演非常熟悉。经常有一些旅行剧团到斯特拉福德小镇表演。1582 年与一个农民之女安·哈瑟维结婚，1585 年育有一子哈姆内特·莎士比亚（Hamnet，根据 Thomas Kyd 的悲剧男主角 Hamlet 而取名）。1586 或 1587 年到伦敦，当时戏剧正迅速地流行起来。先在剧院当马夫、杂役，后入剧团，做过演员、导演、编剧，并最终成为剧院股东；1588 年前后开始写作，先是改编前人的剧本，不久即开始独立创作。到 1590 年年底，莎士比亚已经成为伦敦一家顶级剧团——詹姆斯·伯比奇经营的"内务大臣供奉剧团"——的演员和剧作家。后来，莎士比亚向人证实了自己是一个脚踏实地、品行端正之人，他成为剧团的股东，很快赢得了同仁们的尊敬和爱戴。

当时的剧坛为牛津、剑桥背景的"大学才子"们所把持，一个成名的剧作家曾以轻蔑的语气写文章嘲笑莎士比亚这样一个"粗俗的平民"、"暴发户式的乌鸦"竟敢同"高尚的天才"一比高低！但莎士比亚后来却赢得了包括大学生团体在内的广大观众的拥护和爱戴。学生们曾在学校业余演出过莎士比亚的一些剧本，如《哈姆雷特》、《错误的喜剧》。1597 年重返家乡购置房产，度过人生最后时光。他虽受过良好的基本教育，但是未上过大学。

1598 年大学人士 F. 米尔斯已在其《智慧的宝库》中，列举莎士比亚 35 岁以前的剧作，称赞他的喜剧、悲剧都"无与伦比"，能和古代第一流戏剧诗人们并称。但他生前没出版过自己的剧作。写作的成功，使莎士比亚赢得了骚桑普顿勋爵的眷顾，勋爵成了他的保护人。莎士比亚在16世纪90年代初曾把他写的两首长诗《维纳斯与阿都尼》、《鲁克丽丝受辱记》献给勋爵，也曾为勋爵写过一些十四行诗。借助勋爵的关系，莎士比亚走进了贵族的文化沙龙，使他对上流社会有了观察和了解的机会，扩大了他的生活视野，为他日后的创作提供了丰富的源泉。

从1594年起，他所属的剧团受到王宫大臣的庇护，称为"宫内大臣剧团"。1596年，他以他父亲的名义申请到"绅士"称号和拥有纹章的权利，又先后3次购置了可观的房地产。1603年，詹姆士一世继位，他的剧团改称"国王供奉剧团"，他和团中演员被任命为御前侍从，因此剧团除了经常的巡回演出外，也常常在宫廷中演出；莎士比亚创作的剧本进而蜚声社会各界。莎士比亚在伦敦住了20多年，而在此期间他的妻子仍一直呆在斯特拉福。他在接近天命之年时隐退回归故里斯特拉福（1612年左右）。1616年4月23日莎士比亚在其52岁生日前后不幸去世，葬于圣三一教堂。死前留有遗嘱。

感情问题

莎士比亚是著名的同性恋者。他的十四行诗全部都是写给他的同性爱人的。据英媒体报道，最近一位英国收藏家重新确认了一幅家藏油画的画中人身份，原来这名美艳"女子"不是别人，正是莎翁传说中的同性恋情侣——南安普顿伯爵三世亨利·里奥谢思利。

发现这幅"惊世"油画的科布家族家藏甚丰，继承了全部艺术品收藏的阿莱克·科布在接受记者采访时表示，自己从儿时起一直以为画中人是位名叫诺顿的贵妇，因为在这幅油画的背面赫然写着诺顿夫人的字样。但几年前，一位偶然来访的艺术收藏家告诉科布，他认为画中人并非女性，而是扮作女性的须眉。一席话惊醒梦中人。科布开始重新审视其真实身份，直到后来才终于揭开谜底。这幅油画的历史可以追溯到 16 世纪末。画中的南安普顿伯爵涂脂抹粉，嘴唇上抹着唇膏，左耳还戴着精致的耳环，手抚披散到胸前的长发，看上去一派女人风情。英国历史文物权威机构"全国托管协会"已确认油画为真迹。此画完成于 1590 年至 1593 年，当时莎士比亚正住在南安普顿伯爵三世的府上。尽管一代文豪莎翁娶了安·哈瑟维，但他的真正性取向一直是文学批评家争议不绝的话题。

南安普顿伯爵为同性恋的传说由来已久，他与莎翁的关系更是扑朔迷离。伯爵曾招待莎翁入住自己的寓所，莎翁著名的《十四行诗集》又是献给一位俊俏不凡、"美若女子"的年轻男子。（不过有人认为，十四行诗集前面十几首都是推崇传宗接代的，不能理解成写给其男友的。）不少史学家早已考据，莎翁诗中的倾慕之情大有可能是投向这位容易扮女人的英俊男友。

1616 年莎士比亚在其 52 岁生日那天不幸去世，葬于圣三一教堂。他去世的那天，与他出生的那天同月同日。死前留有遗嘱。他的两个据说比较可靠的肖像是教堂中的半身塑像和德罗肖特画像，手迹则有 6 份签名和《托马斯·莫尔爵士》一剧中三页手稿。

戏剧演出

目前尚未确定莎士比亚早期的剧作是为哪家剧团创作的。1594 年出版的《泰特斯·安特洛尼克斯》的扉页上显示这部作品曾被 3 个不同的剧团演出过。在 1592 年到 1593 年黑死病肆虐后，莎士比亚的剧作由他自己所在的剧团公司在"剧场"（The Theatre）和泰晤士河北岸的"幕帷剧院"（Curtain Theatre）表演。伦敦人蜂拥到那里观看《亨利四世》的第一部分。当剧团和剧院的地主发生争议后，他们拆除了原来的剧院，用木料建造环球剧场，这是第一个由演员为演员建造的剧场，位于泰晤士河南岸。环球剧场于 1599 年秋天开放，《朱利叶斯·凯撒》是第一部上演的剧作。大部分莎士比亚 1599 年之后的成功作品是为环球剧场创作的，包括《哈姆雷特》、《奥赛罗》

和《李尔王》。

1603 年，当宫内大臣剧团改名为国王剧团后，剧团和新国王詹姆士一世建立了特殊的关系。据并不完整的表演记录，从 1604 年 11 月 1 日到 1605 年 10 月 31 日之间国王剧团在宫廷中共表演了莎士比亚的 7 部戏剧，其中《威尼斯商人》表演了两次。1608 年之后，他们冬天在室内的黑衣修士剧院演出，夏天在环球剧场演出。室内剧场充满詹姆士一世时代的风格，装饰得非常华丽，使莎士比亚可以引入更精美的舞台设备。例如，在《辛白林》中，"朱庇特在雷电中骑鹰下降，掷出霹雳一响；众鬼魂跪伏。"

莎士比亚所在剧团的演员包括著名的理查德·伯比奇、威廉·肯普、亨利·康德尔和约翰·赫明斯。伯比奇出演了很多部莎士比亚剧本首演时的主角，包括《理查三世》、《哈姆雷特》、《奥赛罗》和《李尔王》。受观众欢迎的喜剧演员威廉·肯普在《罗密欧和朱丽叶》中扮演仆人彼得，在《无事生非》中扮演多贝里，他还扮演了其他角色。16 世纪末期，他被罗伯特·阿明取代，后者饰演了《皆大欢喜》和《李尔王》里的弄臣角色。1613 年，作家亨利·沃顿认为《亨利八世》"描述了很多非常壮观的仪式场景"。然而 6 月 29 日，该剧在环球剧场上演的时候，大炮点燃了屋顶，剧场被焚毁，这是莎士比亚戏剧时代罕见的被准确记录的事件。

（三）作品类型

悲剧

四大悲剧：《哈姆雷特》（Hamlet）、《奥赛罗》（Othello）、《麦克白》（Macbeth）、《李尔王》（King Lear）。四大悲剧不包括《罗密欧与朱丽叶》。

其他悲剧：《罗密欧与朱丽叶》、《泰特斯·安特洛尼克斯》、《裘力斯·凯撒》、《安东尼与克莉奥佩屈拉》（埃及艳后）、《科利奥兰纳斯》、《特洛埃围城记》、《雅典的泰门》等。

喜剧

四大喜剧：《威尼斯商人》（The Merchant of venice）、《仲夏夜之梦》（A Midsummer Night's Dream）、《皆大欢喜》（As You Like It）、《第十二夜》（Twelfth Night）。

其他喜剧：《错误的喜剧》、《终成眷属》、《无事生非》、《一报还一报》、《暴风雨》、《驯悍记》、《温莎的风流娘们》、

《爱的徒劳》、《维洛那二绅士》、《泰尔亲王佩力克尔斯》、《辛白林》、《冬天的故事》等。有些还把《无事生非》（Much Ado About Nothing）列入四大喜剧里悲喜剧（正剧）。

历史剧

《亨利四世》、《亨利五世》、《亨利六世》、《亨利八世》、《约翰王》、《理查二世》、《理查三世》。

十四行诗

莎士比亚十四行诗大约创作于 1590 年至 1598 年之间，其诗作的结构技巧和语言技巧都很高，几乎每首诗都有独立的审美价值。莎士比亚在运用这个诗体时，极为得心应手，主要表现为语汇丰富、用词洗练、比喻新颖、结构巧妙、音调铿锵悦耳。而其最擅长的是最后两行诗，往往构思奇诡，语出惊人，既是全诗点睛之作，又自成一联警语格言。在英国乃至世界十四行诗的创作中，莎士比亚十四行诗是一座高峰，当得起"空前绝后"的美称。共 154 首。

（四）个人轶事

伊丽莎白一世（伊丽莎白女王）对他的态度：在莎翁的历史剧当中，君主往往是反面角色。伊丽莎白女王呢，当然知道这一点，她并没有下令禁止演出莎士比亚的戏剧。因为莎士比亚从来就没有对女王有任何不敬，相反，他写了很多歌颂女王和她妈妈的剧本，赢得了大家的喜爱。如果他敢把女王写成反面角色，他早就人头落地了。

尽管在哈姆雷特这样的剧中，就有"脆弱啊，你的名字是女人！"这样的台词。但是呢，这并没有影响伊丽莎白女王一世、就坐在舞台对面的包厢里看戏。因为称女人脆弱是一种赞美，反之，如果一个女人被说成刚强，则一般被认为是一种污蔑。

女王的宽容，成就了莎士比亚的艺术高度，也成就了英国整个岛国上的人民的面貌和气质。

如今，在他的故居，已竖起了近200多个国家的国旗，每一面都代表一个国家翻译了他的作品。他的名声也可想而知。就像中国人研究"红学"一样，对莎士比亚的研究也成了一门学问，叫做"莎学"。

（五）艺术成就

莎士比亚的戏剧大都取材于旧有剧本、小说、编年史或民间传说，但在改写中注入了自己的思想，给旧题材赋予新颖、丰富、深刻的内容。

在艺术表现上，他继承古代希腊罗马、中世纪英国和文艺复兴时期欧洲戏剧的三大传统并加以发展，从内容到形式进行了创造性革新。他的戏剧不受三一律束缚，突破悲剧、喜剧界限，努力反映生活的本来面目，深入探索人物内心奥秘，从而能够塑造出众多性格复杂多样、形象真实生动的人物典型，描绘了广阔的、五光十色的社会生活图景，并以其博大、深刻、富于诗意和哲理著称。

莎士比亚的戏剧是为当时英国的舞台和观众写作的大众化的戏剧。

因而，它的悲喜交融、雅俗共赏以及时空自由、极力调动观众想象来弥补舞台的简陋等特点，曾在 18 世纪遭到以伏尔泰为代表的古典主义者的指摘，并在演出时被任意删改。莎剧的真正价值，直到 19 世纪初，在柯勒律治和哈兹里特等批评家的阐发下，才开始为人们所认识。

然而当时的莎剧演出仍常被纳入 5 幕结构剧的模式。19 世纪末，W·波埃尔和 H·格兰威尔·巴克强烈反对当时莎剧演出的壮观传统，提倡按伊丽莎白时代剧场不用布景的方式演出，以恢复其固有特点。

17 世纪始，莎士比亚戏剧传入德、法、意、俄、北欧诸国，然后渐及美国乃至世界各地，对各国戏剧发展产生了巨大、深远的影响，并已成为世界文化发展、交流的重要纽带和灵感源泉。

中国从 20 世纪初开始介绍和翻译莎剧，到 1978 年出版了在朱生豪译本基础上经全面校订、补译的 11 卷《莎士比亚全集》。1902 年，上海圣约翰书院学生最早用英语演出《威尼斯商人》。据不完全统计，中国先后有 65 个职业和业余演出团体，以英、汉、藏、蒙、粤 5 种语言，文明戏、现代话剧、戏曲、广播剧、芭蕾舞剧、木偶剧 6 种形式，共演出莎剧 21 部，包括了莎剧大部分重要作品。莎剧已成为中国中学、大学特别是戏剧院校的教材。莎剧的重要角色为中国演员的培养和提高开辟了广阔天地。

莎士比亚给世人留下了 37 部戏剧，其中包括一些他与别人合写的一般剧作。此外，他还写有 154 首十四行诗和三四首长诗。

（六）历史影响以及社会评价

文学影响

莎士比亚在所有的文学人物中首屈一指，这看来是无容置辩的。相对来说，今天很少有人谈乔叟、维吉尔、甚至荷马的作品，但是要上演一部莎士比亚的戏剧，肯定会有很多观众。莎士比亚创造词汇的天赋是无与伦比的，他的话常被引用—甚至包括从未看过或读过他的戏剧的人。况且他的名气也并非昙花一现。近四百年来他的作品一直给读者和评论家带来许多欢乐。由于莎士比亚的作品经受住了时间的考验，因此在将来也将会受到普遍欢迎，这一推测看来不无道理。

在评价莎士比亚的影响时，我们应该这样考虑：如果没有他，就根本不会有他的作品。

据统计，莎士比亚用词高达两万个以上。它广泛采用民间语言（如民谣、俚语、古谚语和滑稽幽默的散文等），注意吸收外来词汇，还大量运用比喻、隐喻、双关语，可谓集当时英语之大成。莎剧中许多语句已成为现代英语中的成语、典故和格言。相对而言，他早期的剧作喜欢用华丽铿锵的词句；后来的成熟作品则显得更得心应手，既能用丰富多样的语言贴切而生动的表现不同人物的特色，也能用朴素自然的词句传达扣人心弦的感情和思想。

当然有些受欢迎的作家的作品也会受到文学评论家的轻视，但是莎士比亚就不同了，文学学者都不遗余力地赞扬他的作品。世世代代的戏剧家都研究他的作品，企图获得他的文学气质。正是因为莎士比亚对其他作家有巨大的影响和不断受到大众的赏识，才使他在本书中获得相当高的名次。

某版本的莎翁戏剧集中的序言，有一段这样的话：

他通过具有强大艺术力量的形象，从他的那些典型的、同时又具有鲜明个性的主人公的复杂的关系中，从他们的行动和矛盾中去揭示出他们的性格。戏剧中放射出的强烈的人文主义思想光芒，以及卓越而大胆的艺术技巧，其意义早已超出了他的时代和国家的范围。

对文学界造成如此大的影响，难怪他的朋友、著名的戏剧家本·琼森说："他不只属于一个时代而属于全世纪。"

中国影响

莎士比亚对中国戏剧有着广泛而深远的影响，19 世纪中叶，莎士比亚的名字随着西方的传教士来到了中国。其后，中国思想家严复于1894年、1897年，梁启超于1902年，鲁迅于1907年都在译作中提到过他。他的戏剧，最初是通过对兰姆《莎士比亚乐府》的译述，介绍给中国人的。清末人士提出了重视"悲剧"的主张，曾以莎士比亚悲剧艺术作为依据。

全国各地先后演出了《威尼斯商人》、《罗密欧与朱丽叶》、《哈姆雷特》、《李尔王》、《奥赛罗》等13出莎剧。1983—1985年间中央戏剧学院成立了莎士比亚研究中心，中国莎士比亚研究会在上海成立，吉林省也成立了莎士比亚学会。1986年4月几个单位共同主办了中国首届莎士比亚戏剧节，在北京、上海两地共演出了28台莎剧，其中7台是以不同戏曲剧种及话剧的形式出现的。这次活动对于介绍莎士比亚戏剧，提高中国戏剧创作、剧场艺术以及观众欣赏和知识水平，起到了良好作用。

社会评价

本·琼森称他为"时代的灵魂"，马克思称他和古希腊的埃斯库罗斯为"人类最伟大的戏剧天才"。虽然莎士比亚只用英文写作，但他却是世界著名作家。他的大部分作品都已被译成多种文字，其剧作也在许多国家上演。

莎士比亚和意大利著名数学家、物理学家、天文学家和哲学家、近代实验科学的先驱者伽利略同一年出生。被人们尊称为"莎翁"。

初中选文《威尼斯商人（节选）》，高中选文《哈姆雷特（节选）》、《罗密欧与朱丽叶（节选）》。

（七）　经典语录

（1）世间的任何事物，追求时候的兴致总要比享用时候的兴致浓烈。一艘新下水的船只扬帆出港的当儿，多么像一个娇养的少年，给那轻狂的风儿爱抚搂抱！可是等到它回来的时候，船身已遭风日的侵蚀，船帆也变成了百结的破衲，它又多么像一个落魄的浪子，给那轻狂的风儿肆意欺凌！（《威尼斯商人》）

（2）望见了海岸才溺死，是死得双倍凄惨；眼前有食物却挨饿，会饿得十倍焦烦；看到了敷伤的膏药，伤口更疼痛不堪；能宽慰悲哀的事物，使悲哀升到顶点。（《鲁克丽丝受辱记》）

（3）一套娓娓动听的话只是一首山歌。一条好腿会倒下去；一个挺直的背会弯下去；一丛黑胡子会变白；满头卷发会变秃；一张漂亮的脸蛋会干瘪；一对圆圆的眼睛会陷落下去——可是一颗真诚的心哪，凯蒂，是太阳，是月亮——或者还不如说，是太阳，不是那月亮；因为太阳光明灿烂，从没有盈亏圆缺的

变化，而是始终如一，守信它的黄道。(《亨利五世》)

(4) 最早熟的花蕾，在未开放前就被蛀虫吃去；稚嫩的聪明，也会被爱情化成愚蠢，当他正在盛年的时候，就丧失了他的欣欣向荣的生机，未来一切美妙的希望都成为泡影。(《维洛那二世》)

(5) 我们的身体就像一座园圃，我们的意志是这园圃里的园丁；不论我们插荨麻、种莴苣、栽下牛膝草、拔起百里香，或者单独培植一种草木，或者把全园种得万卉纷披，让它荒废不治也好，把它辛勤耕垦也好，那权力都在于我们的意志。(《奥赛罗》)

(6) 美满的爱情，使斗士紧绷的心情松弛下来。

(7) 太完美的爱情，伤心又伤身，身为江湖儿女，没那个闲工夫。

(8) 嫉妒的手足是谎言！

(9) 上帝是公平的，掌握命运的人永远站在天平的两端，被命运掌握的人仅仅只明白上帝赐给他命运！

(10) 一个骄傲的人，结果总是在骄傲里毁灭了自己。

(11) 爱是一种甜蜜的痛苦。真诚的爱情永远不是一条平坦的道路。

(12) 因为她生的美丽，所以被男人追求；因为她是女人，所以被男人俘获。

（13）如果女性因为感情而嫉妒起来那是很可怕的。

（14）不要只因一次挫败，就放弃你原来决心想达到的目的。

（15）女人不具备笑傲情场的条件。

（16）我承认天底下再没有比爱情的责罚更痛苦的了，也没有比服侍它更快乐的事了。

（17）新的火焰可以把旧的火焰扑灭，大的苦痛可以使小的苦痛减轻。

（18）聪明人变成了痴愚，是一条最容易上钩的游鱼；因为他凭恃才高学广，看不见自己的狂妄。愚人的蠢事算不得稀奇，聪明人的蠢事才叫人笑痛肚皮；因为他用全副的本领，证明他自己愚笨。——Love's Labour's Lost《爱的徒劳》

（19）外观往往和事物的本身完全不符，世人都容易为表面的装饰所欺骗。

（20）黑暗无论怎样悠长，白昼总会到来。

第十章　"电影天皇"——黑泽明

（一）黑泽明简介

黑泽明（Akira Kurosawa，1910—1998），1910 年 3 月 23 日生于日本东京，20 世纪日本导演。被称为"电影天皇"，最初据说具有讽刺意义，指他在指挥现场的执著强横和专制独裁。到了后来则成了"彻头彻尾"的的尊称。美国商业上最成功的导演斯蒂芬·斯皮尔伯格曾说："黑泽明就是电影界的莎士比亚。"由衷表达了对大师的赞叹。1990 年，这位"黑泽天皇"成为奥斯卡历史上第一个获得终身成就奖的亚洲电影人。1998 年，一代大师黑泽明的逝世标志着大制片厂时代的传统电影正在渐渐地退出历史舞台，向现代电影观念靠拢，从此揭开了日本电影时代更递的一幕。

（二）黑泽明生平

黑泽明，出生于东京府荏原郡大井町 1150 番地（现在的品川区东大井三丁目 18 番附近）。父亲黑泽勇、母亲黑泽缟的第四个儿子，也是四男四女的兄妹中最末的一个。初中毕业后，黑泽明热中于绘画，并立志当一名画家。由于受到哥哥突然自杀的影响，1934 年黑泽明进入 PCL 电影公司（东宝电影的前身）考取了助理导演，拜导演山本嘉次郎为师，学习导演和编剧。黑泽明称他为一生之中最好的老师。在老师的教导和帮助下，黑泽明得到了真正的锻炼，从第三副导演晋升为第一副导演，并能胜任 B 班导演。之后又以剧作家的身份发表了《达摩寺里的德国人》、《寂静》和《雪》，得到了广泛的好评。1943年已有多年经验的资深助理导演和写了十几个剧本的知名青年剧作家黑泽明独立执导了处女作《姿三四郎》，一举成名，与《海港花盛开》的导演木下惠介同被视为日本电影的新希望。1948 年，黑泽明再执导筒，执意启用三船敏郎担任《酩酊天使》的男主角，从此，黑泽明和三船敏郎开启了"黑泽明黄金时代"，成为日本最强的电影拍档。截至《红胡子》为止的 17年间，由黑泽明导演、三船敏郎担纲的作品包括《罗生门》、

《白痴》、《七武士》、《生之录》、《蜘蛛巢城》、《大镖客》和
《天国与地狱》等片。1950 年拍摄的《罗生门》，翌年在威尼斯
国际电影节上获得大奖，还获得奥斯卡金像奖最佳外国语片奖。
从此，黑泽明闻名于世界影坛，三船敏郎也先后以《大镖客》、
《红胡子》获得威尼斯电影节男主角奖，两人也因而在日本影坛
有了"国际的黑泽，世界的三船"的称号。1960 年后半年到
1970 年初期，是黑泽明创作的低潮期，他和三船敏郎的关系突
然决裂，从此，两人不再跟对方说话，也没有再合作。1970 年，
他根据山本周五郎的小说《没有季节的城市》改编的电影在票
房上失利，黑泽明甚至因而企图自杀。1975 年他导演的日俄合
资电影《德苏乌扎啦》先后得到莫斯科影展金牌奖和奥斯卡最
佳外语片。1980 年的《影子武士》获得戛纳电影节金棕榈奖。
1990 年，这位"黑泽天皇"成为奥斯卡历史上第一个获得终身
成就奖的亚洲电影人。1998 年，一代大师黑泽明的逝世标志着
大制片厂时代的传统电影正在渐渐地退出历史舞台，向现代电
影观念靠拢，从此揭开了日本电影时代更递的一幕。

创作生涯

黑泽明 1910 年出生在日本东京的一个武士家庭，小时候便
是--个很特别的孩子，从小家教很严，受哥哥的影响很大，父

亲让他学剑道，他不仅对书法而且对绘画也非常感兴趣，曾经立志当一名画家，但是当时以画家为职业非常困难。他经历了日本历史上最富戏剧性的世纪，它从一个半封建王朝转变成了一个工业大国。在黑泽明 26 岁的时候，一次偶然的选择他进入影坛，开始了自己的电影人生。

1923 年 9 月 1 日，关东地区发生了强烈的地震，2/3 的城市建筑被毁坏，死亡人数几乎与广岛原子弹爆炸死亡人数相当。那年黑泽明 13 岁。黑泽明最初的理想是成为一名艺术家。他在中学学习过西方绘画，参加过一个称为"无产者艺术家联盟"的组织，该组织经常谈及革命的话题。

1936 年，黑泽明在报纸广告上看到一家叫 PCL 的电影公司在招聘助理导演，他报了名，这家公司就是后来的东宝映画。这一年黑泽明 26 岁。直到 1943 年，黑泽明才被允许执导他的第一部电影《姿三四郎》，该片取材于一部讲述年轻柔道师的小说。虽然是初任导演，黑泽明在日本一下走红。电影《罗生门》在日本的首映失败，却意外的在西方尤其是在法国大获成功。1951 年这部影片入选威尼斯电影节，并获得了令人羡慕的金狮奖。

1990 年，80 高龄的日本导演黑泽明在奥斯卡颁奖礼上获得终身成就奖。1999 年。黑泽明被美国时代周刊评选为'20 世纪亚洲最有影响力的人物'之一。

　　直到 1998 年他去世，黑泽明导演的电影超过了 30 部，包括《罗生门》、《七武士》、《蜘蛛巢城》和《乱》等，他的作品对其他导演产生了巨大的影响，如乔治·卢卡斯和史蒂文·斯皮尔伯格，他们尊称黑泽明为电影大师。而在日本他被指责过分地迎合国际观众，以及过多地将日本社会暴露给西方。

　　黑泽明拍摄的影片《罗生门》，在 1951 年威尼斯影展上获得金狮奖，这是西方电影节第一次把头奖给了一位亚洲导演。这无疑是一个里程碑，因为，从此西方社会不仅认识了日本导演黑泽明，还通过他的影片真正认识了亚洲电影。

　　黑泽明在日本的武士家庭长大，年轻时一次偶然的选择使他进入影坛，在做了 7 年的副导演后，导演了第一部影片《姿三四郎》，而 1950 年的影片《罗生门》更是奠定了黑泽明在世界影坛的地位。在接下来的几十年中，黑泽明不断拍摄出传世杰作。

　　接下来的几年中，黑泽明连续拍了几部杰作，都是描写人们在艰苦和逆境中如何善良生活的。自我牺牲和承担道义是许多黑泽明影片的中心主题，这与他的武士家庭背景密切相关。黑泽明坚持剧本要基于真实的事件，所以他和摄制组对日本历史进行了深入的探查，以便获得更多有关武士的资料。

　　《七武士》是东宝映画拍摄的最昂贵的影片，因为拍摄时间是原计划的四倍。黑泽明和他的摄制组设法完成了这部影片，但却使东宝映画濒临破产的边缘。黑泽明的冒险得到了回报。《七武士》在日本获得了巨大的成功，同时它在西方被认可，也为他赢得了世界级艺术家的美誉。

1960 年，黑泽明的《七武士》被约翰·斯特奇斯重拍，取名为《七个高尚的人》。詹姆斯·考伯恩扮演飞刀牛仔，人物直接取材于黑泽明的武士剑客。

1968 年，20 世纪福克斯公司宣布，黑泽明将在一部描写突袭珍珠港的宏大的战争史诗片中担任日本部分的导演。开机三周后，黑泽明离开了剧组，最后完成的影片中一点也没有用他导的部分。到 1968 年，电视剧完全占领了日本的市场。

1972 年，黑泽明接受邀请到苏联去拍一部俄语片《德乌苏札拉》。当时苏联的电影公司还由国家控制，他和一大帮苏联人一起工作。这部影片用了两年多时间才完成。影片讲述了世纪之交一支探险队深入荒野进行勘测的故事，片中大部分外景都在西伯利亚拍摄。1976 年，影片《德乌苏扎拉》荣获奥斯卡最佳外语片奖。

由于拍电影越来越入不敷出，黑泽明不得不寻找新的收入来源。其中一个选择就是接拍一组日本威士忌酒的广告，拍摄地点就在他在日本的住所附近，他亲自执导，并且还在其中客串了角色。

黑泽明依靠外国的资助才得以完成《影子武士》的拍摄。

弗朗西斯·科波拉在他的好友乔治·卢卡斯的帮助下筹集到了足够的资金。刚刚拍完《星球大战》的卢卡斯称，自己的灵感来源正是黑泽明的作品。

黑泽明的《影子武士》将观众拉回了战国时代，他呈现给众人一部讲述忠诚和两个敌对家庭之间战争的史诗巨作。不过，他这一时期的心境更加灰暗，而这拍完《影子武士》之后，黑泽明着手拍摄一部根据莎士比亚名著《李尔王》改编的影片《乱》。《乱》令黑泽明像着了魔。他常常陷入幻想，满脑子都是他要拍的影像。影片的结尾是一场预言式的血腥大屠杀，这唤起了黑泽明脑海深入最可怕的童年记忆。

当黑泽明需要缓解拍片的疲劳或是写些什么时，就会到东京呆上几周，他每次都住在一家简朴的小旅馆里。

黑泽明80多岁高龄时仍坚持拍片。1998年9月，黑泽明与世长辞，享年88岁。共有35 000多人参加了他的追悼会。

黑泽明在他50年的电影生涯中共导演了近30部电影，获得了30多个著名的奖项，他独特的电影表现手段，触及人类情感秘密的电影主题，令西方影人心醉神迷，影响了斯皮尔伯格、卢卡斯、科波拉等一代西方导演。

（三） 黑泽明的风格

"电影天皇"：身高1．81米的黑泽明，拥有当时日本人少有的高大体格。据说事事要求完美的他，扯着嗓子大吼的声音经常把工作人员吓得浑身打颤。在拍摄《战国英豪》时，他为了拍一个满意的天晴镜头，足足等了100天；拍《天国与地狱》时，他发现有一栋民宅的二楼阻挡了他拍摄演员从新干线丢出现金的镜头，硬是把该民宅的二楼给拆了。在拍摄现场，他绝对是"大权在握，唯我独尊"，就因为这种一丝不苟的精神、执着而强横的态度，他被台前幕后的合作者称为片场上的"天皇"。黑泽明曾说："我最大的梦想就是改造日本，成为总理大臣，日本的政治水平是最低的。"

悲剧感：自信和强硬贯穿黑泽明的艺术生涯，但同时，孤独和疯狂也在他的人生和作品中时常出现。

令人敬畏的大自然

黑泽明的少年时代曾有过一次可怕的经历——关东大地震，13岁的黑泽明作为幸存者站在漂满尸体的隅田川岸上，认识到

"自然界异乎寻常的力量"。因此，自然肆虐成为以后许多黑泽明影片的主题。他的影片大量使用自然景色和气候现象，仿佛威力无穷的大自然也成为表现影片主题的主要形象。如《蜘蛛巢城》中的"蛛脚森林"被黑泽明人格化了。有时，这种肆虐的自然还起到烘托故事情节发展的作用。在《乱》中，随着秀虎父子之间由分裂、对立终致骨肉相残的情节发展，影片向我们展现了一系列预兆吉凶的云：影片开头"浓云漫卷，奔涌不已……远处已出现雷雨的征兆，远远传来雷声"的画面，预示着将有不寻常的事件发生；当秀虎将大权交与太郎、又赶走真心爱他的三郎时，"暮云将掩落日，残阳如血，甚至使人感到是不祥的预兆"；而当惨剧终于发生时，"黑云象条吞噬人的龙一般扑来。然而转瞬之间那黑云被撕成碎片，翻滚与狂奔。大颗的雨点打来，电闪雷鸣。"这一组浓淡不同、变幻莫测而又极富隐喻色彩的云，同明暗交错的阳光及辽阔而沉寂、荒凉而寥落的草原一起，构成一种上苍也在俯视这幕人间惨剧的效果。这种雄浑苍劲的质朴的美"同企图用单纯线条的力量表现超自然的伟大力量的某种日本美术传统，有着一脉相承的联系。"

可悲的人性

在日本黑泽明被指责过分地迎合国际观众，以及过多地将日本社会暴露给西方。他的片子深刻地刻画出人性的弱点、残酷甚至狰狞（虽然在不多的场合下也偶尔显露一下人性的光辉）。《七武士》结局处山岗上四座武士坟上的寒冷刀光，游荡耳边的悲怆乐曲，以及残存武士那句富有禅意的"胜利是那些农民的，我们又失败了"，无不折射出导演对于日本民族独特性的感悟。黑泽明的片子充斥着欲望的张力，其中的人物往往被内心中无法了解的疯狂所驱使并毁灭，表现敏感而激烈。爱欲、性欲、权力、征服、倾慕、羞耻、惊诧、恐惧、绝望等微妙、敏感、颤动不安的主观情绪得到无休止地放大，最后又全部归结为破坏和毁灭。残酷的境遇：黑泽明式的战争，人物不多，武器简陋，场景粗糙，但却是关乎道义，关乎生死存亡的残酷战争。黑泽明的电影没有喜剧。即使某些影片中出现了个别喜剧人物（如《七武士》中的菊千代），但基本上也是以悲剧收场，或者根本上无损于影片的悲剧基调。

孤独的英雄：人物完全按照自我的意志行事，可以为之抛却生死。他们往往是孤独的，有近乎顽固的理想信念的支撑。武士为自己的名节，农夫为自己的财产，女人为自己的欲望。他们往往是一个人对抗整个世界，但他们并不畏惧，因为无论战胜或战败，还是既战胜又失败，都无损于其人性意义上的惊人的完整、优雅和崇高。

悲观者：黑泽明本人就是个悲观者，61 岁时企图自杀，用刮胡刀片在全身割下 21 处伤口，倒在自家的浴缸里，对于自杀的原因，黑泽明本人保持沉默。一般认为是导演生涯受到挫折。还有人认为是他的家族有自杀的遗传基因，他的哥哥就死于自杀。

个人决断下的人道主义

"何为英雄？"与"英雄的出路"成为黑泽明电影的基本命题。从 1943 年黑泽明拍出第一部重要电影《姿三四郎》，到 1965 年拍出《红胡子》，这 20 年多间，黑泽明都将英雄定义集中于"个人决断下的人道主义"。黑泽明爱将剧情背景置于乱世景观之中，来凸显其英雄的决断能力。这种乱世中的人道主义，是一种属于个人性而非群体性的意志，是一种近似贵族化的、是少数人（一如武士精神是少数人才拥有的能力）才能做出的决断，也因此，黑泽明电影中的英雄，就注定要承受孤独。

黑泽明的作品中，狂风、暴雨以及强烈的阳光，常常起着重要的作用。乍一看，好像只是为了提高戏剧性的矛盾冲突的效果，作了过分夸张的表演动作一样，事实上，内容空洞的作品才只能是那样。在描写内心紧张的几部作品里，这样激烈的风、雨、光，为了让主人公面对他来自内心的声音，就更加发挥出把他们同社会关系切断的作用。也就是说，坚决排斥因为别人喜欢我了，我就高兴；意识到对不起社会了，自己就感到有罪，如此等等纯粹"他人本位主义"的道德观念，为了正视自己的欲望、要求、罪恶感的本来面目，而置身于狂风、暴雨和烈日之中。简单地说，这可以说是纯粹的自我探索，而这种探索是以往日本电影所缺少的，也只有在社会道德的声威下降的战后，才能够积极地表现出来。

黑泽明忽略了社会体制本身就是强权，会彰显恶势力，并削弱英雄的努力。1965年之前的黑泽明似乎执意相信，唐吉诃德式的人物是可以割断与社会团体间交会互动的联系，"孤身"完成改编历史的任务的。于是英雄最后不仅在道德上、也在能力上，必须彻底的完人化、神话化，否则无法改变大局。

黑泽明从1970年起，电影方向出现非常重大的转折，几乎可以说是颠覆所有自己的过去。意志力、决断，都在剧情中自身证明为荒谬。不仅英雄定义改写，过去电影始终暗藏的积极结尾也转为悲凉、甚至是荒谬。他笔下人物越来越多"避世无欲、随遇而安"的禅意，也刻意着力刻划积极入世的英雄的无力与悲凉。

日本传统文化：国际电影所以特别重视日本电影，正是因为它具有独特的民族特色。

"能乐"

能乐，是一种日本古典歌舞剧，发源于 14 世纪，15、16 世纪达到了顶峰，由戴面具的扮演者在布景简素的舞台上，以程式化的舞蹈动作来表演，题材多为极具宗教意味的假面悲剧。在黑泽明的影片中，常常运用"能乐"的风格化表演，达到了力量与优雅的结合。能乐风格的音乐、念白方式；能乐的基本演技"擦地步"；把地板当作节奏的乐器使用，在"能"和歌舞伎中是日本演剧通用的基本方法；演员低头站立，身体稍向前倾，以一副僵硬不变的表情盯着什么也不存在的空间和地面，也使人想起能乐的面具；能乐剧目里常见的关于武士、巫婆故事等常见桥段，在黑泽明的电影中都能找到。

绘画

黑泽明影片的民族化风格还体现在日本传统美术的影响上。黑泽明后期作品的特征之一，就是他十分热爱日本的传统视觉文化，他有意让影片的服装、美工、造型更接近于美术作品，这一时期的影片是利用简单布景表现出日本传统美的意识的最好范例。为了达到美轮美奂的效果和禅意，他甚至使用大面积手绘的布景。他对日本传统美术有独特见解——"最大的单纯之中有最大的艺术",曾是画家的黑泽明影片画面构图上受日本传统美术的影响也是明显的,日本美术所特有的构图方式是留一大片空白,而把人和物画在很有限的一小块地方。许多影片他都是先画好图,如《乱》一片画了好几百张,而且都是以油画的画法画的。他在拍摄时对人物的姿势也有严格的指示,因为如果演员进入一个不正确的位置,出了画格,那么画面就会失去均衡。将画面的角落留成空白,人物盯着虚无的空间,这与中国和日本的古代风景画中人物的传统姿势相同。

故事

黑泽明的作品基本都是自己编剧或改编。黑泽明曾多次以日本背景诠释西方故事,例如改编自陀斯妥也夫斯基的《白痴》、改编自《麦克白》的《蜘蛛巢城》、改编自《李尔王》的《乱》;在所有改编自莎剧的影片中,只有黑泽明把戏移植到中世纪的日本背景,而且被西方影评家称为"最优秀、最准确地表现了莎士比亚原作精神的影片"。

镜头

黑泽明作品充满动感,不是指人物总是在动,而是一组画面同时使用 3 个摄像机，从三个角度，近、中、远不同的距离拍摄，最后再把 3 组胶片剪辑在一起，产生动感。

阳刚之气：黑泽明喜欢约翰·福特，和福特一样喜欢在作品中张扬着男性的阳刚之气，这可能还与他从小的家教有关。香港功夫片的振兴与日本武士电影中的借鉴的硬朗风格有关。

（四） 黑泽明的背影

几十年前，黑泽明与大卫·科波拉一起拍摄《珍珠港》，他们的合作刚刚开始就宣告失败了。大卫·科波拉是好莱坞科技加票房路线的典型代表，他当时刚因《星球大战》一片的极度走红而成了炙手可热的人物。没有人知道好莱坞出于什么目的邀请黑泽明，他与科波拉完全是两码事。也许是因为找个日本人导演，能成为《珍珠港》一片的卖点吧。这个计划的流产，据说是因为好莱坞对黑泽明十分苛刻，他们给了他一份极端繁琐的合约，具体到用多少时间拍多少个镜头，甚至还规定他一天之内只能喝多少威士忌。大师忍无可忍，拂袖而去。有评论者戏言：对于一个真正的电影艺术家来说，被好莱坞接受的惟一办法，就是失手拍出一部烂片。黑泽明与好莱坞是注定不能走到一起的，不管他们提供怎样的合约，最终都得失败。

好莱坞与黑泽明之间的差别，就像西部牛仔和日本武士一样。他们永远无法真正地理解他。他们有时也会对他的某些细节感兴趣，甚至极端推崇，承认他是个大师，但是距离他的精神实质依然还有十万八千里。伊斯特伍德对黑泽明简直入了迷，尤其喜欢黑泽明那些武士近乎不可理喻的神秘风度。武士都是些孤独的人，独来独往，独断独行，从不理会俗事，更加没有感情生活。极端的冷漠、硬瘦、酷，要把观众席上的女士们彻底征服了。伊斯特伍德导演的西部片《几美元》，直接模仿《七武士》里的人物、细节、场面，甚至就连台词，都照搬不误。黑泽明的武士在杀人之后，对旁边的人说："准备两副棺材，不，三副。"伊斯特伍德的牛仔用了更加夸张的冷漠语调，说："三副，不，四副。"对于伊斯特伍德来说，武士的"酷"是一种令人心仪的神秘风度，是有市场价值的时尚。他哪里知道，在黑泽明那里，这种"酷"跟风度无关，其实是与武士道联系在一起的一种精神，扮也扮不来。

黑泽明之于电影，的确就像他自己塑造的武士一样，有殉道者的执著，甚至带点儿疯狂的意味。正是这一点，决定了他和斯皮尔伯格，和科波拉，也和伊斯特伍德不同。在好莱坞的这些大人物看来，电影最多只是一种生命中的价值，而对黑泽明来说，电影就是生命本身。黑泽明曾经躲在卫生间里割腕自杀，原因就在于不能拍电影导致精神崩溃。自杀事件之后，他到了前苏联，只有在那种特殊的体制下，利用一个多余的、几乎空置的制片厂，他才能继续拍电影。无法想像，假如这次依然失败，黑泽明还能活下去吗？也许就是这个问题让好莱坞动了恻隐之心吧，他在苏联拍的《德拉乌苏拉》得了奥斯卡最佳外语片奖。其实，这部以探险为题材的影片依然是黑泽明式的冗长、缓慢、枯燥；由于刚经历了自杀，还充满了关于人生意义的说教，可以说与好莱坞的口味完全背道而驰。他们让他得奖，是有意给他一条生路。事实上，自那以后，开始有大笔来自西方的投资找上门来了。精明的投资人终于发现，哪怕是再先锋的艺术，经过合适的包装之后，也会得到市场的青睐。就这样，资本和电影躺在一张床上，做着各自不同的梦。黑泽明拍出了《影子武士》、《乱》等一系列巨作，充足的投资，曾最大限度地满足了他对电影的疯狂。

有人劝黑泽明写自传，他自言从来没有考虑过这个建议。因为，完全可以想像他的自传将会是何等的枯燥，除了电影，什么内容都不会有："我，减去电影，等于零。"哪怕就是这样一个人，也只有到了生命最后的时候，才能专心拍他自己想拍的电影。摄于1990的《黑泽明的梦》和1993的《袅袅夕阳情》，取材于孩子们的幻想和游戏，向人们标示着电影艺术可能达到的最高限度。我每次观看它们，特别是成为了遗作的《袅袅夕阳情》时，都会油然升起一种特殊的感动和敬意。影片的画面极端的清澈、透明，像是清晨里用露珠洗过一遍的世界一样。但是清晨的世界是暗淡的，而黑泽明的画面却又极其明亮，调子很高。这样的画面只能存在于电影里，或者在梦幻中，自然世界是不会有的。

其实，黑泽明的传记也并非真的没有一点有趣的内容，比如他对威士忌的热衷，几乎到了痴迷的程度。为此，日本商人特意请他自导自演拍了一个威士忌广告。那是我看过的最美的广告，空廓澄明的富士山，画外音是布谷鸟的鸣叫，一声接一声。其实一切都很平常，但在黑泽明的手里，却总透出旁人无可企及的内涵。在一部有关黑泽明生平的电视片的最后，有一个女人朝黑泽明的墓碑浇水。她说："希望先生会觉得凉快些，不过，他也许宁可要些威士忌。"

无论就电影人个性的充分实现，还是就电影美学的完美实践来说，黑泽明，尤其是他晚年的电影，都是无法超越的。"高山仰止，景行行止。"后来者除了顶礼膜拜之外，还能做些什么呢？21世纪的电影观众最大的悲哀，或者就在于这样一个事实：在好莱坞模式无所不在的情形下，他们将会无数次地遭遇斯皮尔伯格这样的特技大师和票房大师，以及更加等而下之的煽情高手，真正的电影艺术却难得一见。而对于黑泽明，人们最多只能望着他远去的背影，内心充满无奈，欲哭无泪。

（五） 黑泽明的成就

一生导演了 31 部电影；此外，黑泽明编写的剧本拍成了 68 部电影。

1982 年，威尼斯电影节颁发他终身成就奖；1990 年，80 岁高龄的黑泽明在奥斯卡颁奖礼上获得终身成就奖。黑泽明被 1999 年 12 月的《亚洲周刊》誉为 20 世纪对亚洲进步贡献最大的一位文化艺术人士。《时代》TIMES 周刊大篇幅地推出了 20 世纪亚洲最有影响力的人物，艺术界的代表为黑泽明、泰戈尔和时装大师三宅一生。

在半个多世纪的电影生涯中，黑泽明制作的电影曾创造过持续 20 年的票房奇迹。

很多电影人都受到他的影响。张艺谋说："黑泽明使我明白，当走向外面世界时，要保持中国人自己的性格和风格"，"这是他给亚洲电影人上的很重要的一课。"《教父》的导演科波拉曾说："如果能和一位大师一起拍电影，我宁愿当一个助理。"这位大师就是黑泽明。

第十一章 沃尔玛的财富传奇
——山姆·沃尔顿

（一）人物简介

山姆·沃尔顿（1918 年 3 月 29 日－1992 年 4 月 5 日），沃尔玛的创始人，世界首富，曾获布什总统颁赠的自由奖章，1992 年逝世。1918 年，山姆·沃尔顿出生在美国阿肯色州的一个小镇上。1936 年，山姆·沃尔顿进入密苏里大学攻读经济学学士学位，并担任过大学学生会主席。1940 年，山姆大学毕业，当时第二次世界大战爆发不久，山姆便报名参军，在美国陆军情报部门服役。

战争结束后他回到故乡，向岳父借了 2 万美元，加上当兵时积攒的 5 000 美元，于 1951 年 7 月和妻子海伦在阿肯色州本顿威尔开了一家名为"5&&10"的商店。1960 年，沃尔顿已有

15 家商店分布在本顿威尔周围地区，年营业额达到 140 万美元。1962 年，沃尔顿在罗杰斯城创办了第一家沃尔玛（WalMart）折扣百货店，营业面积为 1 500 平方米，因为坚持低价策略，沃尔玛一开始就获得很大的成功。第一年的营业额就达到 70 万美元。并最终于 1969 年 10 月 31 日成立沃尔玛百货有限公司。1964 年，沃尔玛已经拥有 5 家连锁店，1969 年增至 18 家商店。1990 年沃尔玛成为全美最大的零售商。1992 年，沃尔顿获得美国自由勋章，同年 4 月 5 日辞世。2001 年沃尔玛成为世界上按营业额计算最大的企业。

（二）草根变巨富

卖报郎如何创业

1918 年，山姆·沃尔顿出生在美国阿肯色州的金菲舍镇，是一个土生土长的农村人。从小，家境就不是很富裕，父亲干过银行职员、农场贷款评估人、保险代理和经纪人，是个讨价还价的好手，而且总能和交易的对方成为朋友。而影响山姆更多的还是母亲，虽然她只是一个普通的劳动妇女，却养成了许多良好的生活习惯。她很爱读书，对人热情，做事勤奋，将家里人都照顾得很好。而且由于家境不好，母亲一直很节俭，这些品质后来都被山姆继承下来，为他以后的成功奠定了基础。

7岁的时候，山姆就开始打零工了，他靠送牛奶和报纸赚得自己的零花钱，另外还饲养兔子和鸽子出售。18岁的时候，山姆进入密苏里大学攻读经济学学士学位，并担任过大学学生会主席。毕业后正值"二战"爆发，山姆毅然参军，在陆军情报团服役。

"二战"结束后，山姆回到故乡，他向岳父借了2万美元，和妻子海伦开了一家小店，学会了采购、定价、销售。一次偶然的机会，山姆看到了连锁、零售的好处和实惠。他说："如果我用单价80美分买进东西，以1美元的价格出售，其销量是以1.2美元出售的三倍！单从一件商品上看，我少赚了一半的钱，但我卖出了三倍的商品，总利润实际上大多了。"直到今天，这一价格哲学依然被很好地继承下来。

山姆创业之初，零售业市场上已经存在了像凯玛特、吉布森等一大批颇具规模的公司，这些企业将目标市场瞄准大城镇，他们"看不起"小城镇，认为这里利润太小，不值得投资。但山姆敏锐地把握住了这一有利商机，他认为在美国的小镇里同样存在着许多商业机会。尤其随着城市的发展，市区日渐拥挤，市中心的人口开始向市郊转移，而且这一趋势将继续下去，这给小镇的零售业发展带来了良好的契机；同时，汽车走入普通家庭增加了消费者的流动能力，突破了地区性人口的限制。用山姆的话说就是"如果他们（消费者）想购买大件，只要能便宜 100 美元，他们就会毫不犹豫地驱车到 50 公里以外的商店去购买"。他坚持每一种商品都要比其他商店便宜，为了达到这个目的，山姆开始提倡低成本、低费用结构、低价格、让利给消费者的经营思想。

为了实现这一经营思想，山姆付出了艰辛的努力。在创业之初缺少资金的情况下，他带领员工自己动手改造租来的旧厂房，研究降低存货的方法，尽己所能降低费用，为实行真正的折价销售奠定成本基础。开始的时候，公司目标利润定在 30%，后来降到 22%，而其他竞争对手仍维持 45% 的利润。在这样的情况下，自然吸引了大批顾客，正如山姆当初所预料的那样，也有许多城里人慕名而来。

当然，山姆的最低价原则并不意味着商品质量或服务上存在任何偷工减料的情况，他对其员工的满意服务极为自豪："只要顾客一开口，他们马上就去做任何事。"低价高质就是山姆做事的基本核心。在这样的经营策略之下，小店很快就扩大规模，廉价的商品、优质的服务引来了四面八方的顾客。

世界上最大的连锁零售王国

1962 年，山姆·沃尔顿创建公司，在阿肯色州罗杰斯城开办第一家沃尔玛百货商店。1969 年 10 月 31 日成立沃尔玛百货有限公司。这样的结果并不能满足山姆，他的未来策略是这样的：就是首先进军小镇，占领小镇市场，再逐渐向全国推进，以形成星火燎原之势，在这个过程中，山姆坚持即使少于 5 000 人的小镇也照开不误，这就为以后沃尔玛的扩展提供了更多的机会，而这些机会正是凯玛特这样的大型廉价商店拱手让给竞争对手的。

从 20 世纪 70 年代到 80 年代，沃尔玛开始大规模的扩张。当时，全球开始流行连锁，如何在众多的连锁集团中继续保持自己的优势，山姆制订了有理有节的扩张策略。在产品和价格决策上，沃尔玛以低价销售全国性知名品牌，从而赢得了顾客的青睐。在物流管理上，采用配送中心扩张领先于分店的扩张的策略，并极其慎重地选择营业区域内的最合适地点建立配送中心。在数量上，沃尔玛更始终保持了极其理智的控制。在店铺数量上沃尔玛少于凯马特，但却毫不妨碍其销售额上的优势和行业公认的领袖地位。

80 年代，沃尔玛又采取了一项政策，要求从交易中排除制

造商的销售代理，直接向制造商订货，同时将采购价降低 2% ~
6%，统一订购的商品送到配送中心后，配送中心根据每个分店
的需求对商品就地筛选、重新打包。这种类似网络零售商"零
库存"的做法使沃尔玛每年都可节省数以百万美元的仓储费用。

80 年代初，当其他零售商还在钻"信息化"这个问题的牛
角尖时，沃尔玛便与休斯公司合作，花费 2 400 万美元建造了一
颗人造卫星，并于 1983 年发射升空和启用。

沃尔玛先后花费 6 亿多美元建起了目前的电脑与卫星系统。
借助于这整套的高科技信息网络，沃尔玛的各部门沟通、各业
务流程都可迅速而准确畅通的运行。正如沃尔顿所言："我们从
我们的电脑系统中所获得的力量，成为竞争时的一大优势。"

另外，山姆在 1983 年又开办了山姆俱乐部，这是实行会员
制的商店，每个顾客只要交纳 25 美元就可以拥有会员资格，以
批发价格获得大批高质量商品。可以说，山姆俱乐部的商品销
售利润是微乎其微，仅为 5% ~ 7%，但这一超低价的实施带来
的却是销售额的大幅增加。目前，山姆俱乐部的销售额已达 100
亿美元，拥有 217 家分店和巨大的发展潜力。

现在，沃尔玛在美国有传统连锁店 1 702 家、超市 952 家、
"山姆俱乐部"商店 479 家、"街区市场"杂货店 20 家，另外在
其他国家还有 1 088 家连锁店，组成了一个威力无比的"沃尔玛
帝国"。

沃尔玛商店出售的物品从家用杂货、男女服装、儿童玩具，到饮食、家具等等，无所不包，已经是一个超级连锁帝国！而现在，这些数字还在不断上升之中。

（三）美国人的“美国梦”

永不停歇的沃尔顿

说山姆·沃尔顿是沃尔玛的灵魂，实在毫不为过。山姆不但亲手创造了沃尔玛，而且在将近30年的岁月里，一直亲自领导它的日常业务，决定着它的发展方向，并以自己的风格、个性、理念深刻地影响着它，使沃尔玛不仅创造了“二战”后美国零售业的最大奇迹，并且成为美国零售巨型公司中最有个性的公司。

山姆一生都在勤勉地工作。在他60多岁的时候，每天仍然从早上4：30就开始工作，直到深夜，偶尔还会在某个凌晨4：00访问一处配送中心，与员工一起吃早点和咖啡。

他常自己开着飞机，从一家分店跑到另一家分店，每周至少有4天花在这类访问上，有时甚至6天。在周末上午的经理会前，他通常3：00就到办公室准备有关文件和材料。

70年代时，山姆保持一年至少对每家分店访问两次，他熟悉这些分店的经理和许多员工。后来，公司太大了，不可能遍访每家分店了，但他仍尽可能地跑。

作为一名出身普通农民家庭的子弟，山姆所取得的成就，确实值得骄傲。

在一个崇尚个人奋斗和企业家精神的国家，他的一生可谓非常精彩，可以说实现了成千上万普通美国人的"美国梦"。

1992年，深居简出的山姆去世。按照遗嘱，他的股份分给了妻子、三个儿子和一个女儿。沃尔顿家族五人2001年包揽了《福布斯》全球富翁榜的第7至11位，五人的资产总额达到931亿美元，比世界首富比尔·盖茨高出344亿美元，成为世界上最富有的家族。

对待财富冷静大胆

沃尔顿常说，金钱，在超过了一定的界限之后，就不那么重要了。

他对于自己财富的态度很冷静，这种公众形象报道在他对一次股市暴跌的反应中进一步得到证实。

1987年10月19日股市行情暴跌，道琼斯工业指数一天内下降 508 点，沃尔玛的股票比一周前的价格跌落 32%，使得沃尔顿损失净值 17 亿美元。

沃尔顿那天去小石城与阿肯色其他一些公司的领导人一起就高等教育问题开了一次记者招待会。当他到达市长比尔·克林顿的办公室时，记者询问了他对这次股市暴跌的反应。"钱不过是些纸片而已，""我们创业时是如此，之后也一样。"钱并不重要，重要的是企业的规模。他的目标永远是那么大胆。

1976 年，125 家零售店当年的销售总额为 3．43 亿美元。沃尔顿曾信心十足地公开许诺，五年之内，他将使销售额达到现在的 3 倍。"如果你愿意，现在可以把它写到墙上。"他对珍妮特·瑞蒂斯说。瑞蒂斯是一位作家，正在为《金融世界》写一篇关于沃尔顿的专访。

"到 1981 年 1 月 31 日，我们会达到 10 亿美元的营业额。"结果是，沃尔玛比他预定的日期提前一年就达到了 12．5 亿美元的营业额。到 1985 年，沃尔玛公布了它 64 亿美元的销售额，仍然排在凯玛特（220 亿美元）和西尔斯（250．3 亿美元）的后面，这时沃尔顿和格拉斯已经在公开谈论要成为全美最大的零售商。

1990 年，沃尔顿开始对沃尔玛下一个 10 年作出规划。他认为，赶上西尔斯和凯玛特没有问题，今后的两年就能做到。他很有把握，所以他也许能活到亲眼见到的时候。他对有关沃尔玛的潜力挖掘方面兴趣更浓。第二年，在一年一度的大会上，他向欢欣的股民们满怀信心地宣布计算结果：不论他是否还健在，到 2000 年，沃尔玛的销售额要增加 5 倍以上，达到每年 1 290 亿美元——远远超过西尔斯和凯玛特，从而成为世界上最有实力的零售商。现在，他的目标实现了。

在 20 世纪的最后 50 年中，把美国梦的蓬勃生命力展现得最淋漓尽致的人莫过于萨姆·沃尔顿。经过几十年的奋斗，山姆·沃尔顿把美国阿肯色州的小镇本顿维尔上一家毫不起眼的杂货零售店，发展成为拥有 4 000 多家连锁店的全球零售之王和世界第一企业——沃尔玛。

第十二章 "提灯女神"——南丁格尔

（一）人物简介

弗洛伦斯·南丁格尔（Florence Nightingale，1820 年 5 月 12 日—1910 年 8 月 13 日）。出生于意大利，英国护士和统计学家。她谙熟数学，精通英、法、德、意四门语言，除古典文学外，还精于自然科学、历史和哲学，擅长音乐与绘画。在德国学习护理后，曾往伦敦的医院工作。南丁格尔于 1854 年 10 月 21 日和 38 位护士到克里米亚野战医院工作。成为该院的护士长，被称为"克里米亚的天使"又称"提灯女神"。1860 年 6 月 15 日，南丁格尔在伦敦成立世界第一所护士学校。为了纪念她的成就，1912 年，国际护士会（ICN）倡仪各国医院和护士学校定每年 5 月 12 日南丁格尔诞辰日举行纪念活动，并将 5 月 12 日改为"国际护士节"，以缅怀和纪念这位伟大的女性。

南丁格尔生活在十九世纪英国一个富裕的家庭中，她小的时候，父母希望她能具备文学与音乐的素养，从而进入上流社会。但南丁格尔自己却不这么想，她曾经在日记中写道：摆在我面前的路有三条：一是成为文学家；二是结婚当主妇；三是当护士。而她最后不顾父母的反对，毅然选择了第三条道路：当一名护士。

1907 年 12 月，英王爱德华七世授予南丁格尔丰功勋章。这是首次将此类勋章颁授女性，真是无比光荣。稍前曾有人提议，在维多利亚女王就职六十周年时，将护理事业进步实况做一次展示，但南丁格尔表示反对。她不愿将她的照片摆出去任人欣赏，认为这是愚不可及的事。然而在万泰芝女士的劝说下，她同意将一尊半身铜像，及她乘坐的一辆马车予以陈列。令她料想不到的是，她的铜像下面堆满了鲜花，老兵们纷纷上前亲吻这辆克里米亚马车。她被尊称为英军最尊敬的圣母。1867 年，在伦敦滑铁卢广场，建立了克里米亚纪念碑，并为南丁格尔铸造提灯铜像，和西德尼·赫伯特的铜像并列在一起。

（二）生平概述

1820 年 5 月 12 日，南丁格尔在意大利的佛罗伦萨城出生。

她父母以此城为名为她取名。这个在 1820 年还罕见的名字，随着岁月流逝几乎家喻户晓。世界各地的成千上万的少女被取名为弗洛伦斯，以表示对南丁格尔的敬意。

自童年开始，南丁格尔即对护理工作深感兴趣，乡间度假时，常常跑去看护生病的村民。早在 1837 年，她就开始关心医院里的护理情况并产生了学习护理工作的念头。她常利用游览的机会参观修道院、女子学校、孤儿院，探询慈善事业的情况及经营方法。

1838 年 5 月 24 日拜谒维多利亚女王。1849 年，南丁格尔旅游埃及返国途中，认识了泰德尔·弗利德纳夫妇。1850 年 8 月，南丁格尔到达向往已久的凯撒斯畏斯城（凯斯韦尔黎），并在弗利德纳夫妇创办的女执事训练所见习两周。她详细考察了这所慈善机构的运作情况，写下了长达 32 页的论文《莱茵河畔的凯撒斯畏斯学校》，并呼吁英国淑女们到凯撒斯畏斯担任女执事。

1851 年南丁格尔再度前往弗利德纳牧师所主持的女执事训练所，受训三个月。1853 年，到巴黎"慈善事业修女会"参观考察护理组织和设施，归国后，担任伦敦患病妇女护理会监督。

1854 至 1856 年，在克里米亚战争中，南丁格尔以其人道、慈善之心为交战双方的伤员服务，一开始，工作并不顺利，士兵们因为伤痛和不满，常常对着她们大喊大叫，但南丁格尔以她的善良和精湛的护理水平，赢得了伤兵们好感，渐渐地，士兵们不再骂人，不再粗鲁地叫喊了。夜静时，南丁格尔会提着一盏油灯，到病房巡视，她仔细检查士兵们的伤口，看看他们的伤口是否换过药了，他们是否得到了适当的饮食，被子盖好了没有，病情是不是得到了控制。士兵们都被她的举动感动了，有的病人竟然躺在床上亲吻她落在墙壁上的身影，表示感谢和崇高敬意。在克里米亚短短半年时间里，伤兵的死亡率由原来的40%下降到2.2%。战争结束后，她被视为民族英雄。由于在战争期间的卓越贡献，南丁格尔被当时的英国维多利亚女皇授予圣乔治勋章和一枚美丽的胸针。

1860年，南丁格尔在英国圣托马斯医院建立了世界上第一所正规护士学校。她成功地把护理工作从"污水般"的社会底层提升到了受人尊敬的地位。随后，她又着手助产士及济贫院护士的培训工作。她撰写的《医院笔记》、《护理笔记》等主要著作成为医院管理、护士教育的基础教材。由于她的努力，护理学成为一门科学。她的办学思想由英国传到欧美及亚洲各国。瑞士慈善家吉恩·亨利·敦安在她的影响下，于1864年在日内瓦成立国际红十字会。

1876年，南丁格尔愤慨于养育院对待病人的态度如同对待乞丐，便向当局控诉，又建议设立收容精神病者的设施，以及隔离传染病者等案件，促使伦敦贫民法案成立。1883年南丁格尔被授予英国皇家红十字章，1887年组成护士会。

1900 年，南丁格尔 80 岁生日那天，由全是各地寄来祝寿书信，像雨点般投向年老的她。这些信，其中有的是各国皇帝和国王寄来的，也有为纪念天使而命名为"佛罗伦斯"寄给她的。1901 年，南丁格尔因操劳过度，双目失明。1907 年，万国红十字会授予赞辞，爱德华七世授予南丁格尔功绩勋章，成为英国历史上第一个接受这一最高荣誉的妇女。1908 年 3 月 16 日南丁格尔被授予伦敦城自由奖。

1910 年 8 月 13 日，南丁格尔在睡眠中溘然长逝，享年 90 岁。南丁格尔终身未嫁，她的一生，历经整个维多利亚女王时代，对开创护理事业做出了超人的贡献。她毕生致力于护理的改革与发展，取得举世瞩目的辉煌成就。这一切，使她成为 19 世纪出类拔萃、世人敬仰和赞颂的伟大女性。

（三）职业历程

1820 年 5 月 12 日出生于意大利佛罗伦萨。其父是旅意英侨，家庭十分富有，内阁大臣们是她家的常客。南丁格尔本人受过正规的高等教育，可以用英语、意大利语、法语、德语自如交谈。她自童年开始，即对护理工作深感兴趣，乡间度假时，常常跑去看护生病的村民。在青年时期，她已不满足于贵族生活，决心从事一项值得为之奋斗终身的事业，做一名护士的愿望在她的心目中日趋成熟。她不顾世俗的偏见和父母的反对，毅然投身于当时只有最低层妇女和教会修女才担任的护理工作。无论到哪个国家旅行，她都去访问医院。

1850 年和 1851 年，到德国凯斯韦尔黎医院，与基督教女执事一同学习护理。1853 年，到巴黎"慈善事业修女会"参观考察护理组织和设施，归国后，担任伦敦患病妇女护理会监督。

1854 年克里米亚战争爆发，《时代》杂志记者威廉·罗莎的战地快讯，揭示了英国伤病员"缺乏最普通的病房简易用具"，震动了英国社会，唤起公众对护理工作的注意。当时的首相西德尼·赫伯特，自然想起邀请他的朋友南丁格尔去做好这件事，这正与南丁格尔的愿望不谋而合。南丁格尔立即率领 38 名护士，奔赴前线斯库塔里医院，参加伤病员的护理工作。当时用品缺乏，水源不足，卫生条件极差。她克服种种困难，改善医院后勤服务和环境卫生，建立医院管理制度，提高护理质量，使伤病员死亡率从 42%，急剧下降到 2%。

南丁格尔不仅表现出非凡的组织才能，而且对伤病员的关怀爱护感人至深。她协助医生进行手术，减轻病人的痛苦；清洗包扎伤口，护理伤员；替士兵写信，给以慰藉；掩埋不幸的死者，祭祀亡灵，每天往往工作 20 多个小时。夜幕降临时，她提着一盏小小的油灯，沿着崎岖的小路，在 7 英里之遥的营区里，逐床查看伤病员。士兵们亲切地称她为"提灯女士"、"克里米亚的天使"。伤病员写道："灯光摇曳着飘过来了，寒夜似乎也充满了温暖……我们几百个伤员躺在那，当她来临时，我们挣扎着亲吻她那浮动在墙壁上的修长身影，然后再满足地躺回枕头上。"这就是所谓的"壁影之吻"。因此，"举灯护士"和"护士大学生燃烛戴帽仪式"，也成为南丁格尔纪念邮票和护士专题邮票的常用题材。

（四） 主要成就

1855 年 11 月 29 日，伦敦社会名流共同发起成立南丁格尔基金会。英国人将她看做新的圣女贞德。一经呼吁，国人捐款源源而来，单是在克里米亚的军人，一天中就捐助了 9000 英镑。英国维多利亚女皇捐了一幅威灵顿公爵的画像，她为表示个人对南丁格尔的嘉许与感谢，特地送给南丁格尔一个金质钻石胸针，胸针上镌刻着《圣经》里的名言：怜恤他人的人有福了。

1856 年战争结束后，南丁格尔才抱着病弱的身体，最后离开战地医院回到伦敦。英国公众捐赠巨款，以表彰她的功勋。南丁格尔用此资金作为"南丁格尔基金"，1860 年 6 月 24 日，

南丁格尔将英国各界人士为表彰她的功勋而捐赠的巨款作为
"南丁格尔基金"在伦敦圣多马斯医院创建"南丁格尔护士训
练学校"。圣多马斯医院成立于1213年，在英国久负盛名。该
院与其他医院的不同之处在于其从来不受宗教的控制。这所被
后人认为是世界上第一所正规护校的办学宗旨是将护理作为一
门科学的职业，试验一种非宗教性质的新型学校。

　　南丁格尔对学校管理、精选学员、安排课程、实习和评审
成绩都有明确规定并正式建立了护理教育制度，开创了现代护
理专业这一伟大事业。这对整个人类是一项空前的贡献，为此，
她当之无愧被后人誉为护理事业的先驱。她深感培育护理人才
极不容易，遂订立两项原则：其一，护士不可只做"刷洗工"
的工作；其二，除非受过训练，否则，不可做护士长并教导
他人。

（五）后世影响及评价

　　南丁格尔的学生们遍布英国各大医院并且远及英国本土以
外。与此同时，欧美各国南丁格尔式的护士学校相继成立。"南
丁格尔护士训练学校"的课程和组织管理成为亚欧大陆上许多
护士学校的模式。随着受过训练的护士大量增加，护理事业得

到迅速发展，国际上称之为南丁格尔时代。南丁格尔进行护理改革前，护理工作被认为是下贱的职业，不受人尊敬，工资很低，每日三餐自己在病房中做。当时英国护士的形象是粗陋老态的女人，愚昧、肮脏、酗酒且粗野无比，在医院里恶名昭著，不听使唤，更不能执行任何医疗任务，其地位不过较家庭保姆稍高而已。当时医院的病房多半都是一间大统房，病床紧密相连，脏乱得不成体统，墙壁与地板沾满了血迹与污渍而且臭气难闻，这种恶劣的现象，各地相差无几。

南丁格尔进行护理工作训练后的重要意在于使社会上都知道护理工作是一种"技术"，并把它提高到"专门职业"的地位，南丁格尔因此被称为"现代护理工作的创始人"，随之如护理人员品德的优越，社会地位的提高，工薪的增加等等，都成为自然的结果。而南丁格尔完成和改善这些工作的方法，主要是三条，即以身作则，著书宣教和亲身实践。

从南丁格尔时代开始，即将护理实践教育做为护士职业的主要内容。自 19 世纪以来，即对制定护理操作标准，护士的任务以及工作内容等提出讨论。在前线开拓护理事业；革新英国军医制度；创立现代护理教育及普法战争的伤兵救护和国际红十字的建立，都得力于南丁格尔的协助与支持。南丁格尔的成就蜚声英国。欧美大陆亦公认她是护理方面的专家。1861 年，美国内战期间（南北战争），北军曾想请她帮忙成立医院，治疗伤兵，南丁格尔提供了有关美国作战医疗制度与统计资料。战后，美国基督联盟特函致谢。此后，凡有各国重大医疗问题与计划，南丁格尔总最先被咨询的人，尽管她工作如山，但她对护理教育与护理工作始终保持密切的接触与关切。南丁格尔曾协助利物浦贫民习艺所疗养院建立护理制度，并派遣她的得意弟子及 12 名专业护士前往作业。

克里米亚战争爆发后，造成众多人员伤亡。许多士兵返回英国后，把南丁格尔在战地医院的业绩编成小册和无数诗歌流传各地。有一首诗，在 50 年之后仍在英国士兵们重逢时传诵，诗中称南丁格尔是：她毫不谋私，有着一颗纯正的心，为了受难的战士，她不惜奉献自己的生命；她为临终者祈祷，她给勇敢的人以平静。她知道战士们有着一个，需要拯救的灵魂，伤员们热爱她，正如我们所见所闻。她是我们的保卫者，她是我们的守护神。祈求上帝赐给她力量，让她的心永跳不停。南丁格尔小姐——上帝赐给我们的最大福恩。

革命导师马克思和南丁格尔是同时代的人，他对南丁格尔的勇敢和献身精神十分敬佩和感动，写下两篇充满热情的通讯，分别刊载在德国的《新奥得报》和美国的《纽约论坛报》，使世人皆知这位伟大的女性。马克思说道：在当地找不到一个男人有足够的毅力去打破这套陈规陋习，能够根据情况的需要，不顾规章地去负责采取行动。只有一个人敢于这样做，那是一个女人，南丁格尔小姐。她确信必须的物品都在仓库里，于是带领几个大胆的人，真的撬开了锁，盗窃了女王陛下的仓库，并且向吓得呆若木鸡的军需官们声称我终于有了我需要的一切。现在请你们把你们所看到的去告诉英国吧！全部责任由我来负！

美国大诗人朗费罗为南丁格尔作诗《提灯女郎》，赞美她的精神是高贵的，是女界的英雄。全世界都以 5 月 12 日为国际护士节纪念她。南丁格尔被列入世界伟人之一，受到人们的尊敬。南丁格尔女士幼年时就怀有一颗慈祥仁爱的心灵。她爱护生命，家里饲养的小动物受伤了，她细心给它包扎，南丁格尔怀有一个崇高的理想、认为生活的真谛在于为人类做出一些有益的事情。做一个好护士，是她生平的唯一夙愿。

她说：能够成为护士是因为上帝的召唤，因为人是最宝贵的，能够照顾人使他康复，是一件神圣的工作。正是因为她心里一直有着这种坚定的信念，她才会成为"提灯女神"，照亮了世间的路。

第十三章 动画天王——宫崎骏

（一）个人简介

同学们喜欢看动漫吧？喜欢胖胖的龙猫么？还记得《天空之城》么？知道这些，就一定认识宫崎骏吧。

宫崎骏（Miyazaki Hayao），日本知名动画导演、动画师，1941 出生于东京，1963 年进入东映动画公司，1965 年与同事太田朱美结婚，并育有两子，1985 年与高畑勋共同创立吉卜力工作室。

宫崎骏在全球动画界具有无可替代的地位，迪斯尼称其为"动画界的黑泽明"。

其动画作品大多涉及人类与自然之间的关系、和平主义及女权运动。

1922 年，法国影评家埃利·福尔满含感情的预言："终有一天动画片会具有纵深感，造型高超，色彩有层次……会有德拉克洛瓦的心灵、鲁本斯的魅力、戈雅的激情、米开朗基罗的活力。一种视觉交响乐，较之最伟大的音乐家创作的有声交响乐更为令人激动。"

80年后，世界动画界最接近埃利·福尔梦想的，首推宫崎骏。

宫崎骏可以说是日本动画界的一个传奇，没有他的话日本的动画事业会大大的逊色。他是第一位将动画上升到人文高度的思想者，同时也是日本三代动画家中，承前启后的精神支柱人物。宫崎骏在打破手冢治虫巨人阴影的同时，用自己坚毅的性格和永不妥协的奋斗又为后代动画家做出了榜样。

宫崎骏的动画片是能够和迪士尼、梦工厂共分天下的一支重要的东方力量。宫崎骏的每部作品，题材虽然不同，却将梦想、环保、人生、生存这些令人反思的讯息，融合其中。

他这份执著，不单令全球人产生共鸣，更受到全世界所重视，连美国动画王国迪士尼，都有意购买宫崎骏的动画电影发行版权（亚洲地区除外）。

（二）个人履历

早年经历

宫崎骏（**みやざきはやお**）出生于 1941 年的东京都文京区，在四个兄弟中排名第二，父亲是宫崎家族经营的"宫崎航空兴学"的职员。在第二次世界大战中因战时疏散，举家迁往宇都宫市和鹿沼市。他所在的家族经营一个飞机工厂，属于军工企业，所以战争后期物质匮乏中也能保持颇为温饱的生活，宫崎骏度过了相当自由的幼年生活。然而在这种环境下长大的宫崎骏却意外地对家族的特权产生了怀疑。由于身体不好，故不擅长运动，也因此对静态的绘画很有天分，特别对于飞机感到兴趣，并成为终身的爱好，他后来许多作品当中都反复出现飞行的概念。高中 3 年级的时候，他邂逅了第一个恋爱的对象：就是东映动画的日本第一部长篇彩色电影《白蛇传》里面的白娘子。

之后宫崎骏进入学习院大学政治经济部。大学里面没有漫画社，所以进入了与之最为接近的儿童文学研究会，传说社员只有宫崎骏一个人。这期间创作了大量的漫画，也曾向贷本漫画出版社投稿，不过似乎是没有完结的作品。当时风起云涌的安保运动中宫崎仅仅是一个旁观者，仅仅在最后时刻作为无党派人士参加了一下。在此时，宫崎骏也在思想上开始倾向社会主义，苏联解体对他的思想构成了很大冲击，虽然面对社会主义败北的现实，但是他对劳动者和革命的肯定立场一直没变。宫崎骏在 1994 年连载完漫画《风之谷》后，决定放弃马克思主义。

东映动画时期

在大学毕业后，宫崎骏于 1963 年 4 月进入东映动画公司，从事动画师的工作。由于宫崎骏是次子，有长子继承家业，所以可以按自己喜欢的选择自己的职业。放弃漫画选择动画的原因据本人说是因为被人说自己的作品是在模仿手冢，在自己并不这么认为的情况下。他意识到自己无法超越手冢这样的漫画家，于是选择了即使不是原创也无所谓的动画。

东映动画是由东映电影吸收日动映画株式会社而成立的。在 1961 年手冢治虫的虫 pro 成立前，几乎是日本唯一制作动画的企业，有着浓厚的人文气息和悠久的传统。虫 pro

是以价格低廉的电视动画打开影响的，而当时成本高，画面精细，富于传统的动画电影则还是东映的天下。宫崎进入东映时仅仅是最底层的原画人员。当时战后文艺界一派左派风潮（安保运动刚刚结束），社内充满民主气息，作品的很多东西都靠大家讨论决定。而勤奋、高学历的宫崎因此在讨论中崭露头角。他第一次参与制作的动画是《汪汪忠臣藏》（制作人为白川大作），其不凡的才能被发现后，升职为主要制作人，并担任了东映动画的公会书记长。1964 年，社内开始工会活动，领导是大冢康生，副委员长是高畑勋，书记长就是宫崎骏。

宫崎骏于东映动画公司认识了在他动画生涯中有着重要影响力的前辈高畑勋，在此期间参与了《狼少年肯》（是东映首部动画电视剧）、《太阳王子霍尔斯的大冒险》（高畑勋执导）、《穿长靴的猫》（制作人矢吹公郎，1969 年公映）等动画的制作，担任原画或场面设计的职务。

社内的老前辈大冢康生发现了东京大学毕业的高畑勋等人的才华。1965 年，工会的这群人开始一起制作《太阳王子霍尔斯的大冒险》，大冢为作画监督，当时尚为新人的高畑勋被他提拔为监督。由于宫崎骏在工作中起了很大作用，大冢为他发明了一个职位：场面设计。富有文艺才华的高畑勋给这部作品带来了崭新的概念，里面加入了更多深刻的内涵和丰富的表现，可以说这是日本第一部不仅仅是为儿童制作的长篇彩色动画。另外值得一提的是，由于工会和资方谈判待遇和劳动条件的活动干扰了工作，这部动画于 1966 年 10 月制作中断，1967 年 1 月继续制作，1968 年 7 月正式放映。这期间，1965 年宫崎和同事太田朱美结婚，1967 年长子出生。由于制作者们精益求精的精神，这部作品不断延期和追加预算。然而，这部作品虽然在后来受到很高的评价，在当时却并未在票房收入上达到收支平衡。完成这部作品后，闹过工会又弄出赤字的大冢康生离开了东映动画，加入 A - Pro。

宫崎骏跟着高畑勋、小田部羊一这些前辈一起继续在东映动画工作，职位仍然是原画。1969 年他开始在报纸上以秋津三朗的笔名连载短篇漫画《沙漠之民》。这可能是后来《风之谷》的一点原型。

离开东映动画

1971 年，宫崎骏、高畑勋、小田部羊一一起从东映动画跳槽到大冢康生所在的 A - Pro。作为新企划《长袜子的皮皮》的主要创作人员之一，宫崎首次出国旅行到苏格兰考察。不过由于原作者的原因，这个企划最后被放弃了。原本宫崎骏就喜欢欧洲村镇的风景，这次经历给他的印象出现在很多以后的作品中。

接下来诸人一起参加了大冢康生主导的 TV 版《鲁邦三世》的制作。《鲁邦三世》至今几乎每年都有 TV special 或者剧场版问世，而鲁邦从身居豪宅的大盗变成如今大家熟悉的平民形象，高畑和宫崎对原作的擅自改编可谓影响深远。

之后，演出高畑勋、作画监督小田部羊一和宫崎骏的组合创作了大量作品，值得一提的是《熊猫家族》。该作品首次以描绘日常生活为主，是高畑勋以后的新风格的第一次尝试。在熊猫热中，这次冒险评价倒是非常不错。

1974 年，三人一起转到 Zuiyou 映像，即后来以"世界名作剧场"系列而闻名的日本 Animation 的母公司。三人合作的第一部动画《阿尔卑斯山的少女》可以说是奠定整个系列风格的作品，高畑勋描写日常生活为主，强调动作时间安排的导演风格就此形成。这种崭新的动画风格获得了大成功。宫崎骏这次的职务是 Layout 和画面构成，又是为了配合新的作画形式发明的新职务。对于不会画画的高畑勋来说，宫崎骏就如同他的手脚一般把他的想法变成画面构图。

三人在世界名作剧场系列中高畑勋还担任了《寻母三千里》（1976 年），《红发少女安妮》（1979 年）的监督。后来，修炼已久，有了许多 TV 单集主导经验的宫崎骏 1977 年首次得到了监督的职位，这就是《未来少年柯南》（1978年）。和比较尊重原作、作风沉稳的高畑勋导演相比，宫崎骏的特点是想象力和对于动作的表现力丰富。本来是悲观色彩的原作被宫崎改成了明朗的少年少女故事。这个故事可以看到后来《天空之城》等故事的影子。

1979年，为了制作剧场版动画《鲁邦三世卡里奥斯特罗之城》转入东京Movie新社，作画监督是鲁邦动画系列的最初创作成员大冢康生。如果你对于GHIBLI的作品觉得不错的话，请务必看看这部作品，他有着和后来GHIBLI作品相当的质量和魅力，至今仍然是传说的中的经典。不过，当时受到机器人潮的影响票房只有前作的一半，在后几年80年代初的电视放送中还是受到欢迎。之后，宫崎骏就在东京movie新社的新人养成公司TELECOM工作，继续制作新鲁邦的TV系列（作为监督和剧本创作了145集和最终的155集）。在这里，宫崎骏提出了成为后来《龙猫》《幽灵公主》前身的企划。不过没有被采用。

吉卜力工作室

1981年，德间书店新创刊的动画杂志《Animage》的总编铃木敏夫想要制作动画人员访问专辑，本来是打算访问高畑勋，但被其拒绝，最终成为宫崎骏的访问专辑。

在铃木敏夫和德间书店牵头下，宫崎骏开始创作属于自己的动画。剧场版动画《风之谷的娜乌西卡》的企划，最初由于没有原作被打回，于是 1982 年宫崎骏在《Animage》上面连载其漫画。致密的作画，深刻而多重的反思，使得这部断断续续连载的漫画史诗达到相当大的成就。而宫崎完成制作《名侦探福尔摩斯》相关的工作后，离开东京 Movie 新社为新作做准备。

1983 年，从《太阳王子时代》就一起合作的人们再次集合起来，《风之谷》的动画开始制作。宫崎骏一人担任导演、脚本、分镜表的全部工作。由于从最底层一直干到最上层，宫崎骏有着主导从故事到作画，动画大部分工作的能力。电影最后变成了宗教般的结尾，虽然制作者觉得不大满意，但是在放映时却意外地非常让人感动。在该作的成功背景下，1985 年在德间书店的投资下，宫崎骏联合高畑勋共同创办了吉卜力工作室，该名字来自二战时候意大利的一款侦察机，意思是"撒哈拉沙漠的热风"，由于宫崎骏父亲曾经在飞机制造厂工作，从小宫崎骏就对飞行和天空充满着向往，这也是吉卜力的由来之一。也正因为这个宫崎骏在日后的许多作品中始终贯穿着天空场景和各式各样飞行器的刻画。宫崎监督此间的作品则是绘本修那之旅。

随着新动画天空之城开始制作，漫画《风之谷》休刊。之后《风之谷》也一直随着 Ghibli 动画的制作而断断续续的休刊和再开，一直到 1994 年为止。《天空之城》也仍然是宫崎监督的个人表演。宫崎监督的富于动作和戏剧张力，充满真实触感和细节的幻想世界风格得到了完全发挥。

1988 年宫崎监督的《龙猫》和高畑监督的《萤火虫之墓》同时放映。尽管后者得到了文艺界的广泛赞扬，也感动了无数观众，但是前者才是 Ghibli 一直最为人气的作品之一。而 Ghibli 之后也形成了两位监督轮流制作动画电影的体制。

1989 年，《魔女宅急便》公映。宫崎骏导演首次挑战少女成长的题材。完成了《风之谷》动画后，跑到岳父家的山中小屋度夏的时候闲极无聊阅读了高桥千鹤的《混凝土的坡道上》，和晚辈的小女孩们一起阅读的经历让他职业性的想到了改编少女漫画成为动画的可能性。本来宫崎监督就是女性至上主义者的一种，以当代少女为主角的电影发想就此形成。

1992 年，《红猪》公映。喜爱兵器的美丽却讨厌战争的宫崎监督在兵器模型杂志连载一些短篇漫画，这个作品即为其中之一改编。

1995 年的《侧耳倾听》由 A－pro 时代就认识的近藤喜

文监督，但是脚本、分镜仍然是宫崎骏担纲。

1994 年连载十年的漫画《风之谷》也终于完结。不得不承认，1994 年的同名动画的成功和当时的环保思想不无关系。而这个作品在连载中见证了宫崎骏导演想法的不断变化和反思。动画以来的想法不断被推翻否定，认为宫崎监督思想是简单的环保的人应该仔细读一下这个作品。

1995 年，被认为是 GHIBLI 的实验剧场的《On Your Mark》、由恰克与飞鸟的歌曲制作的短篇作品在"SuperBest3"放映。讲述了在被放射能污染的世界，两个青年把有翅膀的少女送上蓝天的故事。但宫崎骏想要表现的并不是"拯救"，而是"自己的希望"，这是最能触动人心的东西。

休整之后，宫崎导演开始制作称得上总结性的《幽灵公主》。吉卜力工作室的作品中，一般而言，宫崎骏导演的作品更为活泼明了和带有幻想色彩，更受观众欢迎。而他的作品也往往是当年国产电影票房的前三名以内。这部作品由于场面宏大，制作精美，加上宫崎导演隐退数年后复出的号召，还有这次前所未有的广告宣传，使得票房创造了日本电影的历史！

《幽灵公主》回应和总结了《风之谷》以来宫崎导演思想的变化，本来这应该就是宫崎骏导演的一个完美的句号，不过两件事情却打乱了计划。第一是被作为接班人培养的近藤喜文导演过劳而死，第二是高畑勋导演《My Neighbors The Yamadas》（中文译名：《我的邻居山田君》）票房的失败，影片亏损数十亿日元。

高畑勋导演黯然退隐，宫崎骏只有再次出山。由于幽灵公主的票房再次被《泰坦尼克号》超越，这次的口号就是再夺第一。

2001 年，《千与千寻》上映。该作再次拿下总票房第一，超过 300 亿日元的票房创造了历史。而此时，日本动画的年度经济总额才 5，000 亿日元，而一般年度票房首位的作品往往不到 30 亿。强大的宣传攻势，甚至动用到了首相来为首映捧场。宫崎骏的成功开始得到国际的承认，作品得到奥斯卡、威尼斯、柏林等国际电影奖项。

《千与千寻》叙述了千寻的一个生活小片段，讲述她在面对困难时，如何逐渐释放自己的潜能，克服困境。这正是宫崎骏要观众明白的。宫崎骏自己也认为这是一部有别于他以往其他故事的影片，以往，他笔下的主角都是他所喜爱的，但这次宫崎骏刻意将千寻塑造成一个平凡的人物，一个毫不起眼的典型十岁日本女孩，其目的就在于要让每个十岁女孩都从千寻身上看到自己。她不是一个漂亮的女孩儿，也没有特别吸引之处，而她那怯懦的性格，没精打采的神态，更是惹人生厌。最初创造这角色时，宫崎骏还曾有点替她忧心，但到故事将近完结时，他却深信千寻会成为一个讨人喜欢的角色。

2002 年新手接手的《猫的报恩》的票房的不如意，让宫崎导演再次出手。2004 年《哈尔的移动城堡》的票房估计接近《幽灵公主》，但无法达到《千与千寻》的程度。

吉卜力工作室 2005 年 4 月脱离德间书店，成为独立公司，并由铃木敏夫出任代表取缔役社长，宫崎骏与史提芬·艾伯特出任公司的董事。宫崎骏作品的版权及所有权也移转至吉卜力工作室。

2008 年《悬崖上的金鱼姬》上映，广受好评。故事围绕一个 5 岁的男孩宗介与想要成为人类的金鱼公主"波妞"，宫崎骏说这个想法是从丹麦作家安徒生的著名童话故事《美人鱼》得到一些中国网友熟知的日本漫画家、艺人的安危成了大家关注的焦点。经过种种世事之后，他在全球动画界无可替代的地位再一次得到了肯定和承认

（三）个人画风

宫崎骏创作的影片背景的画风始终是清新浪漫的，总有

一种能让人想要回归自然的感觉。尤其是影片中出现的天空背景，给人以广阔无垠的感觉，使人不禁生出一种遐想，似乎想要到那背景中去寻找远离城市污浊空气的清新中，去感受自然之美。大片大片的洁白云朵如棉花糖般，柔软而又充满着幸福和甜蜜的回忆，衬托出片中主人公结局的美好。绿色的掩映下，一个个充满了生机的世界又重新展现到了我们的面前。这更为影片增添了美感。可以说，只有在宫崎骏的影片中，才能释放自己许久以来为工作、学习而感到的压力，重新找到真、善、美，重新找到返璞归真后的悠然与惬意。

背景的画风，意味深长而久远，又同清茶漾出的清香，久久在心中回荡，难以消散。

再从人物形象来说。宫崎骏笔下的人物是全部采用手绘的方式创造出来的。人物（也包括动物）线条简洁明快，并不复杂，令人看后更觉简约朴实，贴近生活。

这都表现出宫崎骏对于自然与生活的热爱，也颇富有意义。

（四）个人语录

我们别无选择，只能从这个流感盛行的世界出发。——

宫崎骏谈《On Your Mark》

我们用毒品、体育竞技或宗教等逃避对现实的关注。——宫崎骏谈《On Your Mark》

即使是在憎恨和杀戮中，仍然有些东西值得人们为之活下去。一次美丽的相遇，或是为了美丽事物的存在。我们描绘憎恨，是为了描写更重要的东西。我们描绘诅咒，是为了描写解放后的喜悦。——《幽灵公主》企划书

蒙古人就是靠草为生的，各种生物吃了草，然後人再从生物身上取得盐分、肉和皮。死亡的生物尸体也归给其他生物、归於土，而滋养了草。蒙古人在这个巨大的食物链和生命循环体系中生存，也看到自己的存在。和他们的精神生活相较，我们现在的精神面是何等的贫乏？——宫崎骏谈《幽灵公主》（《日本文摘》）

当我决定成为一个动画师时，我决心绝对不抄袭任何人。

我们的孩子们生于一个艾滋病和毒品遍布的世界，谁又会知道还有其它什么别的东西。即使世界的人口高达100亿，我们仍然将生存下去——我们或许会不安、挣扎、尖叫，但是依然会活着。

当我开始做《风之谷》时，我的观点是一种灭绝的观点；当它结束时，我的观点是一种共存的观点。人们不能够

太自大。我们必须意识到我们只是这个星球上众多物种中的一个小物种。如果我们希望人类再生存上一千年，现在就必须为它创造一个环境。那正是我们正在尝试做的事情。

宫崎骏谈论日本当前的教育：

有一只不在母猫身边长大的小猫，长大后自己也生了小猫，小猫一爬出窝，它就紧张地把孩子叼回去。渐渐地小猫的活动范围越来越大，但它还是想办法将它们叼回去。到最后，小猫根本就不听它的话了，它竟然发了疯，在屋里狂奔而死。（摘自《出发点·国家的前途——宫崎骏与筑紫哲也的对谈》）

"这是一个没有武器和超能力打斗的冒险故事，它描述的不是正义和邪恶的斗争，而是在善恶交错的社会里如何生存。学习人类的友爱，发挥人本身的智慧，最终千寻回到了人类社会，但这并非因为她彻底打败了恶势力，而是由于她挖掘出了自身蕴涵的生命力的缘故。现在的日本社会越来越暧昧，好恶难辨，用动画世界里的人物来讲述生活的理由和力量，这就是我制作电影时所考虑的。"——（《千与千寻》宫崎骏）

"这实在是日本的耻辱"——宫崎骏对前首相麻生太郎念错汉字的看法。

（五）个人评价

《时代》杂志作者：TIM MORRISON 评论宫崎骏："宫崎骏——在一个高科技的时代，这位动画电影导演用老方法创造出不可思议的作品"。

20 多年来，日本动画大师宫崎骏所创作的动画，其美妙的画面与令人惊喜的想像力往往比电影中其它任何事物都要多——例如众多的幽灵，会走动的城堡，飞行物体，猫巴士，龙猫（只有小孩才能见到哦）。他是一个"可怕"的手工艺术家，从写剧本到画草图到纠正最后的故事结构，宫崎骏都参与了！而且全是用人手去完成。他简直是沃尔特迪士尼、史蒂芬－斯皮尔伯格和奥森威尔斯的合体，而他作品中美轮美奂的山水风景又有一点克洛德·莫奈的味道，其调皮的程度与对孩子的无比了解又要比罗尔德·达尔本强一些。

宫崎骏并不是日本动画之父，日本动画第一人是手冢治虫，他是标志性角色如铁臂阿童木的创造者，同时也是倡导日本动漫走向"大眼"风格的先驱者。他灵感丰富，想像每个拥有大钉似的发型的英雄举起手臂去与巨大的机械人战斗。但是，相比于其他大部分动画家，宫崎骏的名字以及他的工作室吉力卜，更能成为日本动画的代名词。"他是一个很出色的故事创作人，他很自然地便能把心中的故事告诉了大家，而这种才华使他成为一个让人难以忘怀的导演。"《动漫百科全书》的合著者乔纳森·克莱门茨这样说，"参与他的作品创作的小人物全都因作品而取得一鸣惊人的成功。"《幽灵公主》，一个以远古日本为背景讲述生态环境的动画作品，在1997年电影《铁达尼号》上映前，一直占据着日本电影史票房的第一宝座。2001年，宫崎骏创作出与幽灵公主主题相似的作品——《千与千寻》，这部作品获得了奥斯卡奖，讲述一个十岁的女孩寻找方法去破解令她父母变成猪的诅咒的故事。跟宫崎骏许多作品一样，《千与千寻》深深地强调自力更生、无私奉献以及向成长中的困难挑战的重要性。这个主题的丰富性就是重点，吉力卜的制作人铃木敏夫说："要为孩子们创作怎么样的动画？我们的作品就是对这个问题认真思考过后的成果。"

　　什么令宫崎骏的动画如此受人注目？是因为在这个兴起用电脑作画的年代，宫崎骏依然一心一意地用人手去创造一个宁静的美丽的禅之世界，犹如清水滴在长满青苔的岩石上，犹如一列火车在黎明时分驶过大海。这生动的亮点，不是靠大量的音乐或高科技去传递，而是靠简单的出色的手艺，这些就足以令你想得很远很远……

第十放映室影评

让我们从《哈尔的移动城堡》回溯至开始便可以非常客观的承认：宫崎骏是日本动画产业的中流砥柱，一个最优秀的折中主义者，从手法来看，它的艺术语言一点也算不上前卫，他一直是在别人的实验基础上耐心打磨，然而就是这样，他的技巧反而让更多的人领略到。或许宫崎骏这样做的目的在于：他明白要想让世人警醒，那他的语言反而要温和，因为过分刺耳的呐喊有时会让脆弱的人类掩起耳朵。或许宫崎骏吃了折中主义的亏，那使他不能成为一个耕耘者，但宫崎骏更多的占了折中主义的便宜，他成了一个收获者。其次，他完美的把握了现实和想象的平衡，他让人知道想象世界的美好，一切如天花乱坠。看他的作品，就好像在人类狭窄的后脑上开了一扇广阔的天窗，让人不由自主的相信梦想的力量，因为梦想的存在是借以人与神比肩的理由。从开始到现在的所有作品，宫崎骏思想是一以贯之且辩证发展着的，他的世界观，历史观，人生观和艺术观都有着明晰的脉络，最终都为了构建那个完美的宫崎骏世界而努力！

（六） 获得奖项

1989 年 　《电影旬报》十佳电影 – 第 1 位

1990 年 　东京都民文化荣誉章

1994 年 　日本漫画家协会奖 （Japan Manga Artists´ Association Award）

1998 年 　第 26 回安妮奖、生涯功劳奖、山路文子文化奖、淀川长治奖

2000 年 　第 3 回司马辽太郎奖

2001 年 　第 75 届奥斯卡最佳长篇动画

2002 年 　朝日奖、法国国家功劳奖、巴黎市勋章。Business Week – Star of Asia – 发明家部门

2003 年 　埼玉县民荣誉奖

2004 年 　第 16 届萨格勒布国际动画片盛会 – 功劳奖、Sitges 国际电影节 – 特别审查员奖

2005 年 　第 62 届威尼斯电影节 "荣誉金狮奖"、国际交流基金奖

2012 年 　2012 年度日本 "文化功劳者" 称号